WILEY

微电网规划与设计简明指南

Microgrid Planning and Design: A Concise Guide

【加】哈桑 · 法翰吉（Hassan Farhangi）
【加】盖扎 · 乔斯（Geza Joos） 著

国网经济技术研究院有限公司 译

中国电力出版社
CHINA ELECTRIC POWER PRESS

图书在版编目（CIP）数据

微电网规划与设计：简明指南 /（加）哈桑•法翰吉（Hassan Farhangi），（加）盖扎•乔斯（Geza Joos）著；国网经济技术研究院有限公司译．—北京：中国电力出版社，2022.8（2023.10重印）

书名原文：Microgrid Planning and Design:A Concise Guide

ISBN 978-7-5198-6863-5

Ⅰ．①微…　Ⅱ．①哈…②盖…③国…　Ⅲ．①电网－电力系统规划－指南　Ⅳ．①TM715-62

中国版本图书馆CIP数据核字（2022）第106556号

北京市版权局著作权合同登记　图字：01-2022-3186号

出版发行：中国电力出版社

地　　址：北京市东城区北京站西街19号（邮政编码100005）

网　　址：http://www.cepp.sgcc.com.cn

责任编辑：王春娟　匡　野

责任校对：黄　蓓　王海南

装帧设计：赵丽媛

责任印制：石　雷

印　　刷：北京九天鸿程印刷有限责任公司

版　　次：2022年8月第一版

印　　次：2023年10月北京第二次印刷

开　　本：710毫米×1000毫米　16开本

印　　张：12.75

字　　数：226千字

印　　数：1001—1500册

定　　价：68.00元

编委会

翻译组

译者序

在“双碳”目标下，以新能源为主体的新型电力系统建设有序推进，新能源装机规模逐年提升，配电网由单一无源网络向复杂有源网络演变，其建设适应性正面临着严峻挑战。同时，国家能源局提出发展以消纳新能源为主的微电网、局域网，应对配电网的承载力和灵活性降低等问题。由此，新型电力系统赋予了微电网新内涵。微电网是新型电力系统的重要组成部分，能够有效消纳分布式新能源，提升供电服务水平。因此，针对微电网接入、设计标准、建设运行、应用需求等相关研究十分必要。

本书是加拿大不列颠哥伦比亚理工大学(BCIT)智能电网研究中心主任、加拿大温哥华西蒙弗雷泽大学的兼职教授哈桑·法翰吉博士，麦吉尔大学电气与计算机工程系教授盖扎·乔斯博士以及 NSERC 智能微电网战略研究网络(NSMG-Net)中部分研究人员工作及报告的汇编，NSMG-Net 是由来自加拿大全国各大学和学术机构的研究人员组成。该书提供了一个清晰完整的微电网系统规划设计指导框架，涵盖网架构建、系统建模、控制保护、信息通信、技术标准等方面，对大量实际典型案例进行了深入解读与分析，为规划设计落地提供了有力依据，同时也为电网公司有效利用现有资产构建微电网提供了思路。全书观点鲜明、内容丰富。该书的英文版是国外电力界畅销之作，其中文版也必将成为国内微电网规划设计领域技术人员和在校师生的重要参考资料。

本书包括 12 章，共 15 家单位 30 余人参加了翻译工作。国网福建省电力有限公司经济技术研究院、国网技术学院负责序言，国网河北省电力有限公司经济技术研究院负责第 1 章，国网山东省电力公司经济技术研究院负责第 2 章，国网湖北省电力有限公司经济技术研究院负责第 3 章，国网福建省电力有限公司经济技术研究院负责第 4 章，国网冀北电力有限公司经济技术研究院、国网内蒙古东部电力有限公司经济技术研究院负责第 5 章，国网四川省电力公司经济技术研究院负责第 6 章和第 7 章，国网湖南省电力有限公司经济技术研究院负责第 8 章，国网上海市电力公司经济技术研究院负责第 9 章和第 10 章，国网江西省电力有限公司经济技术研究院、国网辽宁省电力有限公司经济技术研究院负责第 11 章，国网浙江省电力有限公司经济技术研究院、国网宁夏电力有限公司经济技术研究院负责第 12 章。

全书由国网经济技术研究院有限公司负责校核统稿，本书的中文译版并非是翻译初稿的简单拼接，校核统稿过程耗费了大量的精力，并力求本书的专业术语和国内已公开出版的书籍、标准中的专业术语保持一致。

在此译稿完成之际，由衷地感谢各方面给予的大力支持和帮助，感谢中国电力出版社对本书出版所做的大量工作，感谢国网经济技术研究院有限公司出版基金所提供的全方位支持。

由于本译著翻译工作量巨大，虽然校稿人员付出了巨大努力，但书中难免有不足或疏漏之处，敬请读者指正。

译　者

2022 年 4 月

原 版 序

这本书提供了一个微电网设计指导框架，包括规范要求、设计标准、设计建议和应用案例，以便理解技术、约束条件、平衡模式，以及建立微电网的潜在成本和收益。本书考虑了城市、矿山、校园和偏远社区对微电网的不同应用需求，采用系统的设计方法提出了包括设计标准、建模、仿真、经济和技术可行性研究、商业案例分析等方面的内容。此外，本书还涉及微电网的实时运行问题（电压和频率控制、孤岛和并网）以及孤岛和并网模式下的能源管理系统。本书还总结了微电网在电力系统、控制系统、实施方法以及可实施微电网信息通信系统方面的可用基准内容，涵盖了一种电力和通信系统相结合的建模方法，使得完整的系统研究成为可能。本书包括案例的开发，并使用来自 BCIT 微电网和 IREQ 测试线的现场结果，对模型进行验证。这本书实质上是 NSMG-Net 研究人员的研究工作的汇编。

盖扎 · 乔斯

NSMG-Net 第二主题领导者

推广委员会主席

作 者 简 介

哈桑·法翰吉,博士,IEEE 高级会员,加拿大不列颠哥伦比亚理工大学(BCIT)智能电网研究中心主任,加拿大温哥华西蒙弗雷泽大学的兼职教授,曾在新加坡国立大学、加拿大维多利亚皇家路大学和加拿大温哥华英属哥伦比亚大学担任兼职教授。法翰吉博士目前是 BCIT 智能微电网项目的首席系统结构师和首席研究员、自然科学与工程研究委员会(NSERC)泛加拿大智能微电网战略研究网络工作组(NSERC,Smart Microgrid network 或 NSMG-Net)的首席研究员。他在智能电网的科学期刊和会议上发表了大量文章,并在各种国际标准化委员会任职,如国际电工委员会(IEC)加拿大小组委员会(CSC)第 57 技术委员会(TC 57)第 17 工作组,国际大电网委员会 CIGRÉ WG C6.21(智能计量)、CIGRÉ WG C6.22(微电网发展)、CIGRÉ WG C6.28(离网供电混合系统)工作组。法翰吉博士于 1982 年在英国曼彻斯特大学科学与技术学院获得博士学位,是加拿大智能电网学会的创始成员、CIGRÉ 的学术成员、不列颠哥伦比亚省专业工程师和地球科学家协会的成员,以及电子电气工程师协会的高级成员。

盖扎·乔斯,博士,IEEE 会员,麦吉尔大学电气与计算机工程系教授,并担任 NSERC/Hydro-Quebec 可再生能源和分布式发电整合到配电网工业研究会主席,以及加拿大麦吉尔大学动力信息技术研究会主席(Tier 1)。作为 CEATI 国际学会电力系统规划和运行兴趣小组的技术协调员,他还参与工业咨询和工业研发管理。他的主要研究方向是电力电子,以及电力系统和能源转换的应用,课题涉及风能等可再生能源的集成和分布式发电。他发表了许多期刊和会议论文,并在这些主题的国际会议上作了专题报告。他积极参与 IEEE、电气工程协会和 CIGRÉ 相关课题的工作组。他是 IEEE 的会员,也是 BCIT 主办的 NSMG-Net 战略研究网络的活跃研究员和协作者。

声　明

本书是 NSERC 智能微电网战略研究网络工作组(NSMG-Net)的研究成果,该工作组由来自加拿大各大学和学术机构的研究人员组成。本书并不代表任何个人观点。因此,作者对本书中的信息不作任何保证,也不承担任何法律责任;对这些信息的使用有可能侵犯到私人所有权利。这本书未经作者批准或反对,书中信息的准确性或充分性也未经作者证实。此外,本书所包含的信息可能会在未来进行修订。重要的限制性事项包括:本书不是电气规范或其他适用标准的替代品;本书不作为电气安装的设计规范或设计指南;本书不得用于教育、培训以外的其他目的。使用本书信息的人不应对作者造成任何风险,文责自负。

前　　言

NSERC 智能微电网战略研究网络工作组（NSMG-Net）于 2010 年底成立，旨在解决电力行业日益增长的关键业务需求，将现有传统电网转变为新一代智能电网。智能电网的主要组成部分是智能微电网，它是地理上结构紧凑、与主网灵活集成的配电系统单元，可以通过与主网自动连接和断开，实现能源生产和消费的自给自足。根据定义，每个智能微电网都能够与其他微电网以及中央统一调控基础设施进行能源交易，并具有适用于其运营地区的地理属性的功能。

在 NSMG-Net 成立的时候，开发智能微电网所需的技术还处于研究阶段。在公用事业领域，智能微电网的全面发展需要对每个辖区的特定气候、地形和可利用能源进行研究，并在接近真实的环境中进行测试、验证和认证。因此，NSMG-Net 的首要目标是开发新型智能微电网的构建模块，最终为全球各地的社区提供可靠、低成本和清洁的电力。

NSMG-Net 于 2010 年启动研究，由来自新不伦瑞克、麦吉尔、多伦多、瑞尔森、滑铁卢、马尼托巴、阿尔伯塔、西蒙弗雷泽、不列颠哥伦比亚大学（UBC）的研究人员组成，由不列颠哥伦比亚理工大学（BCIT）主持和领导，并采用跨学科研究战略，利用 BCIT 的智能微电网试验台。NSMG-Net 研究人员经过 6 年的重点研究，在智能微电网系统部署的技术、知识和模型的开发方面取得了重大进展。NSMG-Net 由 NSERC 资助，被认为是迄今为止最成功的战略研究网络之一，在同行评议的期刊上发表了 80 多篇论文，并在世界各地的主要学术和科学会议上发表了多篇会议报告。NSMG-Net 培养工科学生 130 余人，其中本科生 37 人，硕士 50 人，博士 48 人，博士后 5 人，副研究员 3 人，并提交了四项专利申请，发布了八项知识产权。更重要的是，NSMG-Net 与多个行业合作伙伴和国内外其他利益相关方进行了重要的合作。

哈桑·法翰吉

NSMG-Net 首席研究员

致　　谢

这本书的顺利出版归功于 NSMG-Net 的研究人员、学生、合作者、合作伙伴和资助者的努力和贡献，特别要感谢 NSMG-Net 研究主题负责人、课题负责人、网络研究人员、学生和协助工作人员在这六年研究期间所付出的努力。本书利用了大量由网络研究人员发表的论文、报告和文件，包括中期报告、年度报告、出版物、论文、研讨会成果和培训材料。本书所讨论的微电网设计指南，是从 NSMG-Net 研究人员发表的众多作品中提取、组合和推断出来的。此外，也十分感谢加拿大不列颠哥伦比亚理工大学(BCIT)、魁北克瓦雷纳斯的魁北克水电研究所(IREQ)的研究人员提供的帮助。特别感谢我们的同行和公用事业合作伙伴为我们提出的针对性意见，帮助我们编写了这些重要的设计指南。最后，感谢 NSMG-Net 研究人员和他们的学生(包括但不限于，排名不分先后)：加拿大安大略省多伦多大学的礼萨·伊拉瓦尼博士，加拿大麦吉尔大学的盖扎·乔斯博士，加拿大麦吉尔大学的法布里斯·拉博博士，加拿大麦吉尔大学的到乐玉博士，加拿大不列颠哥伦比亚大学的大卫·迈克尔逊博士，加拿大马尼托巴的阿尼戈尔博士，加拿大阿尼戈尔阿尔伯塔大学的许伟生博士，加拿大新不伦瑞克大学朱利安·孟博士和爱德华多·卡斯蒂略·格拉博士，加拿大安大略省滑铁卢大学的坎卡尔·巴塔查里亚博士，加拿大安大略省瑞尔森大学的阿米尔纳瑟·亚兹达尼博士，加拿大不列颠哥伦比亚理工大学的哈桑·法翰吉博士和阿里·帕利兹班博士，加拿大温哥华西蒙弗雷泽大学的暹罗阿拉赞普尔博士、迈赫达·穆阿勒姆博士、加里·王博士和李丹博士。

目　　录

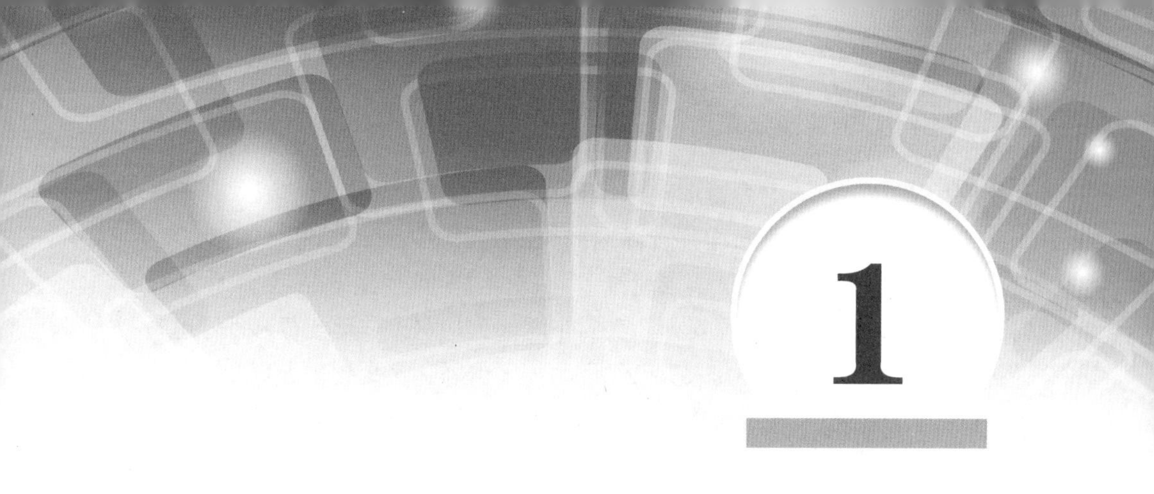

概　　述

面对日益增长的电力需求以及化石燃料燃烧导致的环境污染，电网公司亟须进行需求侧管理并将可再生能源整合到电力系统中进行消纳。北美电网公司通过节能的方式来满足其未来电力需求的增长，还有一些电网公司致力于解决电网设施的老化问题，这是由于当前电网的老化问题阻碍了需求侧管理和可再生能源消纳。目前电网是为满足集中式发电、输电和配电的需求而设计的，不能适应分布式的技术和解决方案；在配电环节中没有用户用电的实时反馈，没有捕获瞬时需求、需求曲线、系统性能等实时数据；在运行时是一个开环系统，此开环系统不能储存能量，不能整合风能、太阳能、生物质能、波浪能/潮汐能等可再生能源的间歇性行为，也不能实现节能高效的优化运行。

目前的电网是一种源于20世纪的，根据历史用电数据而非实时电力需求进行生产和调度的单向分层系统。因此，电网在规划方面采用冗余设计的方式，以承受并非始终存在的峰值负载，电网的资产未能得到有效利用。电网的运行是通过频率调节实现的，主要在生产端通过对系统频率预期变化进行响应来实施：当需求增加时，通过旋转备用增加发电能力来抵消系统频率的下降，直到系统频率恢复正常。相反，当需求减少导致系统频率突然上升时，系统会通过减少系统发电能力来进行响应，直到系统频率降低到标称值。然而，这种同步控制的调节过程是缓慢的，如果预测需求的变化比系统的固有惯性所能处理的速度更快，系统就会失稳，导致限电和停电。

电网支撑着发电、输电和配电，包括本地输电网或配电网、区域输电网、国家大电网。传统的集中式电网系统通常面临着效率低下导致的电力损失、需求增加、成本上升、供应紧缩、储备利润下降以及环保要求等挑战。在其长达百年的历史中，全球电力行业从未像现在这样面临如此多的挑战。在过去的几十年中，电力供应商普遍面临着以下挑战：

（1）老化的基础设施（美国超过70%的电力资产使用寿命超过25年）；

（2）可靠性（加利福尼亚州、美国东北部和加拿大东部的普遍性停电）；

（3）安全性（美国研究人员已经证明美国电网容易受到攻击）；

（4）市场动态（各个司法管辖区都在朝着放松行业管制的方向发展）；

（5）费率和定价（需要实施分时电价、智能量测等）；

（6）分布式发电（Distributed Generation，DG）（允许独立电力生产商（Independent Power Producers，IPPs）和联合电力生产商（Co-Gens）接入电网的需要）；

（7）效率和优化（需求响应和调峰）；

（8）能源成本上升（与油价上涨和供应安全有关）；

（9）环境保护（地球能源有限）；

（10）大规模电气化（满足日益增长的电力需求）；

（11）可再生能源（可再生能源并网）；

（12）绿色能源（最小化行业的碳足迹）。

如果不对基础设施进行改造，传统电网无法应对上述挑战。因此应对这场危机的核心是对电网的基础设施进行重大技术改造，并给电网配置智能指挥和控制层。然而，智能层无法在现有电网的框架内引入，需要一个新的改进后的电网。那么，这种被称为“智能电网”或“智能微电网”的新电网（在本书中交替使用“智能电网”和“智能微电网”）与当前传统电网有何不同?

如表1-1所示，智能电网是信息通信技术与电力系统的融合。智能电网是各种技术创新的重点，北美和世界各地的电网公司计划将其纳入其运营和基础设施建设改造的各个方面。鉴于电力资产规模庞大，智能电网的出现更有可能是循序渐进而非一步到位的。

因此，智能电网将通过在现有电网中战略性地植入分布式控制和监控系统来实现。智能电网功能和技术的发展意味着分布式智能系统将出现在不同的地理区域。这种有机增长将使电力行业能够将当前电网负载和功能转移到新电网上，从而改善和增强其电能服务。这些被称为智能微电网的分布式智能系统将促进分布式能源和综合能源的发展，提供替代能源的集成以及系统排放和碳足迹的管理，使电力公司能够通过需求响应、调峰和服务质量控制更有效地利用其现有资产。

表 1-1　　智能电网与当前电网的对比

当前电网	智能电网
机电	数字
单向通信	双向通信
集中式发电	分布式发电
分层	网络
传感器少	传感器遍布
盲目的	自我监控
人工修复	自愈
有限控制	普遍控制
用户选择少	用户选择多

然而，全球大多数电力供应商面临的问题是如何以最低的成本尽快达到目标，同时又不危及他们目前提供的服务；电力公司面临的问题是必须决定选择什么样的战略和途径，以确保投资获得尽可能高的回报。智能电网由互补组件、子系统和具有高度智能和分布式控制功能的模块集成而成，该系统是通过集合智能微电网发展起来的。如图 1-1 所示，多个智能微电网形成了分布式能源系统（负荷和电源）的互联网络，可以连接或分离于整体电网。

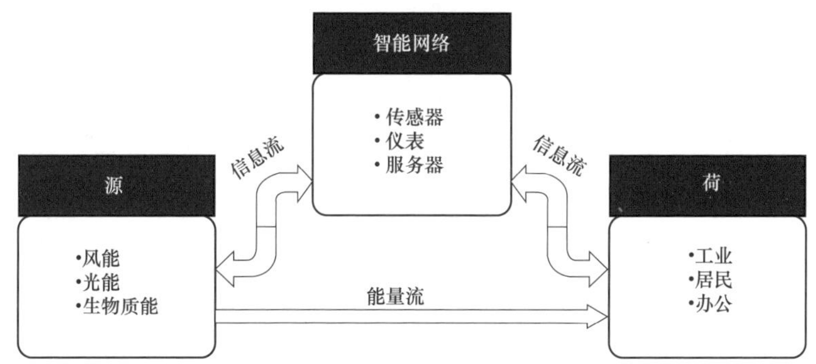

图 1-1　智能微电网的拓扑结构

智能微电网因此成为未来智能电网的基本组成部分，在更小的电网上运行，通过与各种电源（通常是可再生能源）集成，形成了可控的配电系统，为不同类型的负载提供电能。

如图 1-2 所示，智能微电网的融合与互动将形成未来的智能电网。显而易见的是，智能电网不能取代现有的电网，但一定是对现有电网的进化补充。换言之，在智能电网完全取代现有电网之前，两者应该共存，并逐渐增强电网功能。因此，有必要对智能微电网的技术和标准进行战略性研究以实现应用规模增长，包括前瞻性

技术和与现有系统的相互兼容。因此，对智能微电网的研究应该集中在三个互补的领域：

（1）智能微电网的维护、重构、调度、控制、管理等运行问题；

（2）智能微电网组件、接口和子系统的监管和标准化；

（3）智能微电网组件和系统的通信、信息传递、数据联网和自动化。

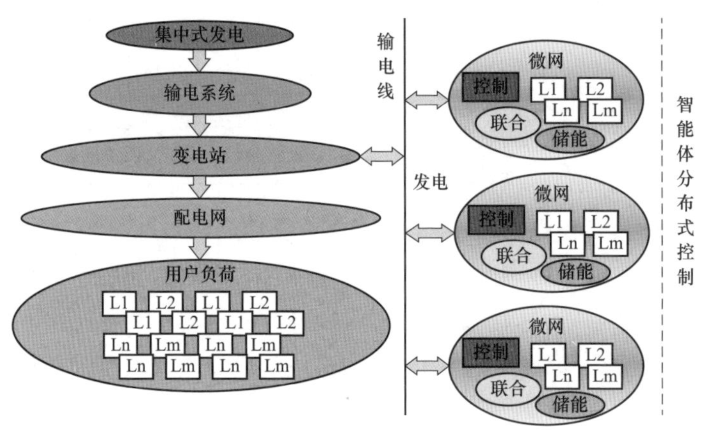

图 1-2　智能电网的发展

发展智能电网需要一个接近真实的环境对智能电网的优势进行测试和验证。考虑到电能的持续供应对社会至关重要，实验室测试或小规模试点的成功不足以使这些新技术能够被整合到电网关键基础设施中。因此，需要一种微电网环境来测试大规模的智能电网应用技术，并形成有效的解决方案。世界各国都在尝试建立用于研究和开发的微电网基础设施。作为智能电网的缩影，智能微电网促使电力公司、技术人员和研究人员共同开发智能微电网架构、协议、配置的商业化模型，为智能电网的创新和成本效益的提高绘制一条“从实验室到现场的路径”。

这种智能微电网通常被设计为一个研究、开发和演示平台，此平台利用通信、智能计量、联合供能和分析技术来开发和验证稳定、经济和可扩展的解决方案，促进智能电网的发展。

此方案可以通过公共和私营企业的联合来实现。在资助机构的支持下，由代表前沿技术的科技公司和代表用户的电力公司组成的一个组织，专注于开发实现智能电网所需的一系列硬件、软件和系统技术。作为开发技术和解决方案的最终用户，电网公司通常会对所开发的体系结构、模型和协议进行指导、监督和审查。这个研究、开发和演示平台允许一个地区或国家的所有利益相关者聚集在一起，开发适合该特定地区、国家或地理区域的解决方案。

1.1 构建微电网研究网络的必要性

任何国家（或地区）对研究开发智能电网的国家（或地区）网络的需求主要基于两个不同的条件：

在20世纪，任何国家的电网都是根据该国的经济、地理和气候发展起来的。某些国家的发电以水力发电为主，其他国家可能使用核能或化石燃料发电，还有一些国家可能开发可再生能源进行发电。电力行业的输电业务也有自己的特点，反映了每个国家的地理和气候条件。此外，各国不同的城市化模式可能会影响配电系统的规划。研发任何国家的新一代智能电网时都需要注意，要将提供电力的国家作为一个整体，且其具有与现有电网相同的现状和模式，所以必须包括来自全国各地的研究人员和电力公司。除了极少数例外，每个国家都必须制定自己的智能电网规划蓝图，因此世界上许多国家已经开始了这一领域的重大研究计划。

智能电网被认为是信息技术、通信技术和电力系统的真正融合，是最优化能源开发利用的概念、技术和方法的集合。这意味着这些先进概念的发展需要技术开发人员、学术界、终端客户、政府的共同努力。因此，研究网络对于所有国家建立新一代电网的基础至关重要。这样的国家研究网络将寻求并鼓励许多研究人员、电力公司以及来自全国各地的技术提供者来帮助他们实现目标。

从目前的集中式电网模式向分布式智能电网模式转变需要的不仅仅是新技术的实施，还需要在能源开发方面进行重大的文化、哲学和技术变革。在20世纪，电力生产是集中的，在单一实体的控制下，由少数电源提供大量电力。在21世纪，这一模式已转向以一种安全灵活的方式将多种清洁能源整合在一起，以满足用户实时需求。个人客户、政府和行业表示，他们已经准备好进行这一变革。然而，智能电网的实施还存在一些障碍。

例如，许多课题正在进行可再生能源管理研究，但即使找到成功的解决方案，由于缺乏有效的技术、接口标准、应用协议、集成系统、可靠的存储、适当的政策和有效的输电/配电基础设施，鲜少有解决方案能够进入主流电力系统。由于这些问题的多面性以及需要利用多学科、多部门专家组的专门知识，必须通过组织良好和密切协调的研究网络进行此类研究。

研究网络模式的突出特点是电力公司作为发起人和合作伙伴参与其中，不仅可以验证研究网络实现路径和方向，还可以应用研究成果。除了电网公司外，高科技合作伙伴也可以进一步开发网络的研究成果，并将其作为商业产品推向市

场。这种密切合作应确保研究成果的可行性。智能微电网的研究需要科学家、终端用户和商业化合作伙伴在多学科研究项目中进行系统地合作，以克服上述障碍，解决战略需求，确保提供可靠、高效和安全的电力供应。

智能微电网可以被视为智能电网实施的第一步，其规模更小，更易于管理。智能电网技术是一系列创新技术的组合，包括电力系统、电力电子和控制、通信和测量、智能传感器和计量等不同领域的技术。这些技术的开发和部署需要多学科的研究，而这需要通过汇集电力电子和控制技术、电力系统运行、能源管理和建模以及通信协议、传感器和状态监测、集成数据管理方面的大量的研究人员来实现。

将集成可再生能源作为研究互补性的一个例子，因为可再生能源的间歇性，需要采取以下方法：①可再生能源的控制，包括储能；②能源生产管理和辅助服务开发；③传感、监测、通信和数据管理，以确保对可再生资源的适当集成和控制。这种研究需要来自不同领域的研究人员共同努力，开发解决方案，以促进可再生能源集成到配电网中。这种在任何管辖区的任何一所大学都找不到的各种专业知识，是进行智能电网研究的关键。

研究网络需要跨多个司法管辖区的可以接触到不同电力设施的研究人员进行合作，这扩大了在智能微电网背景下可以处理的问题的范围，并提供覆盖更广泛的解决方案。除了将不同领域的研究人员聚集在一起，网络还能够让来自不同机构的学生有机会接受技术领域的培训，接触电力系统的运行和电力公司的新举措。电力公司将越来越多地寻找具有多学科背景的专家，目前具有电力系统基础和先进的通信专业知识的专家更为重要。研究网络非常适合培养此类高素质人才。

加拿大首个智能微电网基础设施于 2008 年在伯纳比的 BCIT 主校区初具规模，在高科技公司、终端用户和研究人员共同努力下完成，开发了各系统架构、配置、接口协议并制定电网规划，以满足国家和全球的优先联合产能、高效调度和配电、负荷控制、需求响应、先进的计量和清洁能源的集成。

1.2 NSERC 智能微电网战略研究网络工作组（NSMG-Net）—加拿大经验

2010 年完成不列颠哥伦比亚理工大学（BCIT）的智能微电网研究后，加拿大自然科学和工程研究委员会（NSERC）资助了泛加拿大智能微电网战略研究网络工作组（NSMG-Net）。它汇集了来自加拿大许多著名大学的世界级研究人员，利用不列颠哥伦比亚理工大学（BCIT）的智能微电网基础设施来测试和验证他们的研究成果。NSMG-Net 作为集成和测试活动的支撑平台，使研究人员能够汇集来自全国各地的各种专业知识和资源，开发智能电网技术和解决方案，以适应全球范围内不同的气候、地理和经济需求。本书试图通过一个潜在的研究问题，即智能微电网的设计准则是什么，来汇编和记录研究项目的成果。

作为一个泛加拿大战略研究网络工作组，NSMG-Net 在成立之初，就在当时相对不为人知的智能电网和微电网领域，汇聚了一批加拿大最优秀的研究人员和资源来开展关键工作。重点研究所需的技术，开发构建了一个缩小版的智能电网，即智能微电网。当时面临的挑战是如何为这些来自不同背景、并未合作过的研究人员创造一个环境，让他们能够找到共同语言沟通交流、交换信息，并为公用事业、行业面临的多方面问题找到跨学科的解决方案。团队负责人从一开始就知道将电力系统工程师、通信系统工程师和信息技术专家聚集在一起是一项特殊的挑战。尽管如此，通过精细的规划和执行，已确立组织框架和研究工具，确保不同领域的思想和专业知识可以交叉传播。

这些合作旨在为微电网的设计和运行提供技术形式和可行方案的指导。这项努力为 NSMG-Net 研究人员，特别是学生提供了一个独特的机会，在合作伙伴的参与下，可以将他们开发的技术应用于现实世界的微电网中，并测试和验证他们的设计方法和解决方案的有效性。需要指出的是，许多项目都有来自政府的合作伙伴，并以某种形式参与进来。这些合作伙伴包括加拿大自然资源部的 Canmet 能源实验室、BCHydro、Hydro-Quebec 和 Hydro One 等公用事业公司。项目负责人和他们的学生与这些合作伙伴进行了多次互动，他们提供了有关电网结构和运行条件的信息，包括偏远和孤立的电网信息、具体案例，以及相关电力和通信技术。NSMG-Net 于 2010～2016 年由 NSERC 资助。然而，由 NSMG-Net 带来的合作仍在结出硕果。本书总结了 NSMG-Net 的研究经验，为微电网设计提供指导。

1.3 平台研发

学术研究侧重于技术开发。但在实际情况下，很少有用于测试和验证这些技术的基础设施。公用事业公司对于在非常关键的基础设施中引入新技术、解决方案和方法上也非常谨慎。传统电网方面，公用事业公司已经部署了完全集成的端到端专有解决方案和技术。相比之下，智能电网为专注于单个领域的小公司提供了技术贡献和创新创造的机会。在缺乏标准、协议和既定接口的情况下，这些公司开发的技术需要在公正、无威胁的环境中进行集成、测试和认证，并由其他参与者提供补充技术，形成公用事业所需的端到端（end-to-end）解决方案。这种环境通常被视为微电网。智能微电网为该领域的研究人员提供的价值通常是：

（1）它为研究人员、学术界和高科技公司提供公平的环境。在这种环境中，他们的技术可以与来自其他供应商的其他互补技术相集成，以形成公用事业公司所需的解决方案。

（2）它为公用事业单位提供了一个可以与科研学会、高科技公司互动、讨论、交流技术规范、研究需求的中立环境。

（3）它为学术界、研究人员和高科技公司提供了一个可以对所开发的解决方案和技术进行集成、测试的逼真环境，并在它们被视为“电网价值”之前进行全面认证。

（4）它为监管机构提供了一个可以开发、测试和验证的新的国家标准、协议和模型。

（5）为学生提供适当的培训，使他们掌握新技能和公用事业公司开发和推出智能电网所需的技术。

理想情况下，用于此类目的的微电网应配备来自公用事业公司自己的馈电，以及自己的本地变电站和配电基础设施以及热电联产能力。除了终端，最好还应存在本地热电联产发电厂（太阳能、风能和热电联产），以便开发用于热电联产的指挥和控制模型，并将此类替代能源整合到未来的智能电网中。智能终端和控制元件的网络还应配备智能电能表，配备智能控制的电器，所有这些元件都配备通信模块，使其能够与变电站中的数据聚合单元进行通信。

此外，微电网应满足从重型工业机械到办公用电以及住宅用电等各种不同的用电需求。

1.4 研究计划和范围

目前不能更广泛地采用风能、太阳能、生物质和潮汐能等替代能源的因素，不仅仅是他们的分散特性或更高的成本，而且也缺乏合适的设备、接口标准、应用协议、集成系统、可靠的存储、适当的政策和高效的输配电基础设施。目前许多关于替代能源技术的研究课题正在开展当中，但即使找到了成功的解决方案，如果它们与电网的集成以及交互的复杂性没有得到充分解决，它们也难以进入大电网潮流。

如前所述，智能微电网被认为是新电网的组成部分，主要作用如下：①为全球地区提供可靠、低成本和清洁的电力；②延缓输配电系统的投资；③改善电能质量，减少电力系统损耗；④提高能源效率和节约能源；⑤有助于减少能源系统的碳足迹。这将通过把能源生产和传输系统转变为一个集成双向通信、智能组件、可再生能源和智能控制的可持续的能源系统，从而提高能源的可靠性、安全性、清洁度、效率、自给自足能力和承载力。

1.5 智能微电网的研究课题

考虑到智能微电网最终将采用的典型结构，这一领域的研究可以很好地遵循以下三个课题：

课题 1：智能微电网的运行、控制与保护；

课题 2：智能微电网规划、优化和监管问题；

课题 3：智能微电网通信与信息技术。

如图 1-3 所示，研究课题之间的关系将最终会导致一个需求发展、技术发展和技术评估的迭代过程。在需求和评估阶段，这个循环通常由公用事业和行业合作伙伴提供输入推动。在开发模型时可按照技术和模拟实验室阶段（在各个实验室）和集成测试、原型部署阶段两层办法，并在一个实际的微电网上进行演示。

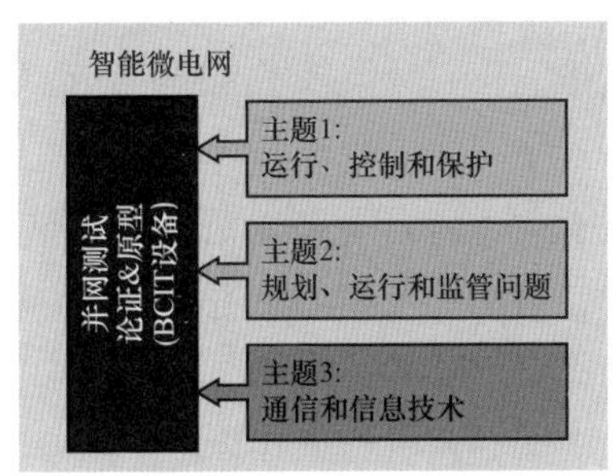

图 1-3　NSMG-Net 研究的课题结构

1.5.1 课题 1：智能微电网的运行、控制与保护

电力行业的放松管制、大型发电厂的环境问题、能源成本的不稳定以及分布式能源（DER）技术的迅速发展，导致了电力系统中分布式能源机组的大量增加，大部分是在配电电压水平上。最近的趋势表明，未来电力系统中分布式电源机组的深度渗透将成为现实。术语 DER 包括分布式电源（DG）、分布式储能

(DS）以及它们的任意组合。分布式能源机组在电力系统中应用的技术和经济可行性是主动配电网和微电网概念出现的主要原因。

直到最近，微电网的概念主要是在将分布式能源的机组连接到现有的公用事业配电系统的背景下进行讨论，同时保持配电系统的运行、控制和保护策略，甚至基础设施都是完好无损的。基于这一理念，微电网被定义为由配电系统提供的一组负载和分布式能源机组，能够满足：①在并网模式下运行；②在自主或孤岛模式下有限的运行能力；③在两种模式之间的转换（在特殊条件下）。在这一定义下，大多数研发活动主要致力于单个分布式能源机组的控制、孤岛和同步问题。

然而，潮流的流向和可预见的各种类型的分布式能源机组（包括可控负载）的大量涌入，在很大程度上导致分布式能源的“连接”概念已经过时了，取而代之的是“集成”概念。这种整合激发了“主动配电网”的概念，在这个概念里，微电网中的分布式能源机组和可控负荷可经预先指定的集中控制和管理，以响应干扰信号和（或）市场信号。因此，将微电网视为一个统一的“动力电池”，不仅需要微电网间的保护、控制和管理，还需要考虑微电网内部的控制和性能指标，即微电网与主电网之间的接口枢纽。由于这个新概念将对主电网具有深远的影响，特别是随着主电网内微电网数量的增加，不仅仅是微电网的电气边界问题，监管问题和政策制定方面也对新的微电网概念的成功实施至关重要。此外，规划和运营的发展趋势表明，微电网还应响应市场信号提供最优发电，最大限度地利用可再生能源发电机组。

从基本的微电网概念（主要涵盖单个分布式能源机组的连接和有限控制）到微电网作为动力电池的概念的过渡，是基于信息和通信技术（ICT）的使用，从而实现监测、诊断、保护、指挥和控制以及电源管理。微电网单元，包括基于信息和通信技术的功能，构成了“智能微电网”。

课题 1 可以在智能微电网的监管框架和标准下，有效地解决监测、保护、控制和运营战略方面的新挑战、新战略、解决方案和技术。它主要关注应用环境中的智能微电网，并处理城市、农村和偏远地区智能微电网配置。

电力系统（EPS）中分布式能源机组的激增，尤其是对配电电压水平的影响，通常被认为是微电网形成的主要动力。分布式能源机组的高渗透深度不仅给运行、控制和保护带来挑战，也可能对主电网造成不利影响。造成这些影响的原因是：①分布式发电机组的特性，例如风能和太阳能光伏发电机组等可再生能源的间歇性发电；②不同分布式电源技术对控制命令和故障场景的响应时间显著不同；③低惯性和对初始运行条件大变化的敏感性；④由于负荷、单相分布式电源机组和配电线路的固有特性而造成的极不平衡状况；⑤双向潮流，与现有配电系统原有的设计理念相矛盾；⑥至少有一个子网络或较小尺寸的发电机组、电动汽车和插电式混合动力汽车需要满足即插即用的操作理念；⑦响应市场信号的要求。城市、农村和偏远地区的微电网，这些挑战以不同的方式表现出来，其严重程度也不同。

这些技术问题在包含大量薄弱、供电半径长、辐射状配电网和馈线的公用电网中变得尤为突出。全球许多公用事业公司几乎没有运营微电网的经验。缺乏操作经验和对操作、控制和保护方面的新技术和战略接触不足，仍然是增加 DG 机组部署的主要障碍，特别是在电力部门利用可再生资源。随着电动汽车和插电式混合动力汽车单元的整合，这些障碍将进一步加剧。

基于信息和通信技术的广泛应用，课题 1 可能涉及①城市、农村和偏远地区微电网运营战略的研发；②不同运行特性 DG 机组，特别是可再生能源在偏远地区微电网中的整合策略；③策略的研究和开发，确定能够实现实时干扰检测、状态监测、诊断信号产生和自适应保护的技术；④集中式、分散式和混合式控制策略和数字算法的开发和示范，使微电网（微电网间）和（或）作为一个单一实体，相对于主网枢纽（微电网内）的分布式能源机组稳定可靠地运行；⑤微电网二次侧、三次侧电压、频率控制的规定；⑥微电网优化运行的电力管理策略研究与开发；⑦系统规划和运营战略的制定，包括利用新技术，如储能技术和电子断路器，以解决与分布式能源机组（如间歇可再生、电动汽车（EV）和插电式混合动力汽车（PHEV））深度渗透相关的问题。课题 1 可以进一步细分为以下四个研究课题。

1.5.1.1 课题 1.1：偏远地区智能微电网的控制、运行和可再生能源

基于信息和通信的应用，本课题可以围绕创新的鲁棒性控制方法、运营策略，给出了相应的数字算法，特别关注可再生能源渗透深度最大化，并为偏远的微电网配置提供可靠运行。本课题的主要研究问题包括：

（1）开发一种鲁棒性和容错性控制策略，能够可靠地在受频繁扰动和负荷变化影响的偏远的微电网中提供可再生能源的最佳利用。

（2）开发一个监控系统，可以调度和最大程度地深入到分布式能源机组，包括在偏远的微电网的可再生能源。

（3）识别和选择可靠的信息通信技术和适当的备份策略和算法，以确保供电可靠性。

1.5.1.2 课题 1.2：智能微电网的分布式控制、混合控制和电源管理

本课题主要关注基于信息通信技术的新型控制和电源管理策略，以保持稳定

和最优运行条件的策略，同时考虑市场信号，使智能微电网在并网模式、孤岛模式运行，以及这些模式之间的转换。虚拟电厂（VPP）在智能微电网并网条件下的运行模式，在城乡智能微电网配置中运行，也是本课题研究的重点。本课题还可以解决单个电力系统的多个智能微电网的协调控制和运行问题。本课题的研究重点包括：

（1）推广基于信息通信技术的分散式鲁棒控制方法，以同时容纳大量具有显著不同时间响应和操作约束的发电和储能机组。

（2）针对智能微电网固有的不平衡条件，在发电机组的大小、数量和特性变化范围较大的情况下，保证分散控制具有足够的鲁棒性极限的规定。

（3）开发电源管理系统，以提供智能微电网在不同运行模式下不同时段的最佳运行，例如孤岛模式下的二次侧和三次侧的控制。

1.5.1.3　课题1.3：智能微电网的状态监控、干扰检测、诊断和保护

本课题可以研究：①基于使用信息通信技术新策略、算法和技术，实现城市和农村智能微电网系统的实时干扰检测、监测和信号诊断；②为智能微电网开发最新的自适应保护策略、算法以及相应的实施技术。这个课题的主要研究挑战可能是：

（1）开发智能微电网监测的传感方法和相应识别技术，以及实时提取保护信息的计算策略。

（2）针对各种智能微电网的配置、拓扑变化和运行模式，开发一种能够可靠地实时识别故障属性的自适应保护策略。

（3）智能微电网自适应保护策略与电子接口分布式能源机组快速控制的协调与集成。

1.5.1.4　课题1.4：解决智能微电网中分布式能源高渗透率障碍的运营策略与储能技术

这个课题基于在城市、农村和偏远地区智能微电网中使用储能、信息通信技术和电力电子设备，涉及解决分布式能源高渗透率相关问题所需的策略和技术，例如热电联产机组与屋顶太阳能光伏机组。本课题的主要研究内容包括：

（1）识别技术问题、现有标准和规范的约束、新的监管问题和政策要求，这些问题与分布式能源机组在智能微电网中的高渗透率以及大量城乡智能微电网在电力系统中的整合有关。

（2）研究和开发用于评估各种电气和热学问题的模型和相应的分析和仿真工具，其主要影响包括：运营策略、经济因素、监管和标准要求、通信网络和信息技术基础设施和对先进技术的需求，例如储能系统和电子断路器。

（3）研究和开发智能微电网和电力系统的整体效率最大化的策略，受可靠性、电能质量限制和环境要求等问题的约束。

1.5.2 课题2：智能微电网规划、优化和监管问题

在本课题中，微电网被定义为一组局部受控的分布式能源，从主电网的角度看，这些分布式能源可作为单个电源或负荷。将微电网集成到供电系统中的关键挑战包括建设和运营微电网的经济合理性、主电网内多个微电网的运行、微电网和主电网之间的能量流管理，以及开发促进微电网部署和运行所需的工具。本课题可以借鉴过去对微电网构建模块的组件、系统和运行策略的研究。

本课题从量化效益和分配效益的角度探讨了将分布式电源（包括基于可再生能源的发电）纳入配电网的经济合理性问题，并将审查后的效益分配给不同利益相关者，包括持股人、各单位业主和配电网运营商。效益包括对能源供应和能源安全的贡献、供电质量和环境影响。这些研究中提出的原则需要扩展到微电网，包括辅助服务条款，例如无功发电、电压调节、备用和黑启动能力。这些服务在微电网中比在单个分布式电源中更容易实现。

量化效益的工作需要扩展到在给定配电网内运行的多个微电网。多个微电网的相互作用带来了一系列新的运行问题，因为它涉及的时间范围很广，从发电和负荷切换中遇到的非常快的暂态，到与发电计划和电网的长期稳定相关的缓慢暂态。微电网负荷的能量管理是保证微电网供电安全的关键。自主运行或与主电网交换电力的微电网也需要考虑能量管理。该领域的许多研究人员调查了分布式电源，特别是可再生能源系统（风能、太阳能）对电力市场的影响，例如对节点电价的影响。此类工作需要扩展到包括微电网，特别是那些包含可再生能源的微电网。

此外，还研究了在放松管制背景下配电系统中分布式电源的规划问题，以及上网电价和碳税对配电系统的影响，特别是对长期的分布式电源投资的影响。提出了分布式电源良度因子的概念，以了解分布式电源功率注入对系统的影响。研究人员还建立了一个全面的动态优化模型来设计和规划其中的配电系统。

除规划者控制的投资外，还包括投资者对分布式能源的投资，可以针对这些投资提出建议。除了规划之外，该模型的有效性还扩展到考察不同能源政策对系统运行和经济性的影响。

我们在分布式电源建模方面已经做了大量的工作，特别是基于可再生能源的系统，以及基于可再生能源的大型发电站，尤其是风力发电场和最近的太阳能发电场。这些工作又借鉴了之前与电力传输（高压直流（DC））和电力系统补偿的

电力电子系统建模相关的工作。此外，还进行了大量的工作，包括为配电系统制定标准，以允许分布式电源的接入。为扩展此项工作，我们以开发工具来对微电网组件进行建模，对典型的微电网拓扑和配置进行基准测试，并生成有助于微电网部署的案例研究。人们对使用示范点验证这些工具和方法非常感兴趣。

这个课题可能会从整体的角度来处理微电网的运行，以及从微电网接入主电网的角度来处理微电网的运行。它应该涵盖与微电网的经济和技术合理性相关的问题，与主电网的相互作用，包括与主电网连接的公用事业监管要求，以及与所服务负荷相关的能源供应安全问题，包括能源管理、需求侧响应和计量要求。

为了证明微电网的发展是合理的，并便于微电网的实施，应该为微电网评估制定指标，并收集研究案例。网络方法通常需要进行研究工作，从而创建和运行微电网、开发工具来评估其经济可行性。其对所服务的负荷是有益的，并且确保了其接入主电网能够满足主要电网运营商的要求和期望。

因此，该课题可以解决微电网整体性和经济合理性问题，及其与主电网相互作用的相关问题。它可以检查微电网对主电网影响的一般问题，包括对增强主电网安全和提供辅助服务的可能，以及电网运营商对微电网运行的要求，以确保安全互连。

这一课题的作用不仅对微电网的运营商，而且对与之相连的配电网的运营商提供了量化微电网效益的工具。间接效益是能够整合大量可再生能源，从而减少温室气体（GHG），降低配电网的扩张速度并减少配电网的损失。因为本地发电的存在，增加了微电网服务负载能源供应的灵活性和可靠性。

参与该课题的机构可能会被说服投资调查微电网部署对电网的影响，特别是大规模部署对其配电网的影响，包括积极影响、能源安全和电能质量（系统电压分布和电压规定）。他们需要知道应该采取什么措施来整合这个新实体。

1.5.2.1　课题 2.1：成本效益框架—次要效益和辅助服务

增加给定系统的复杂性级别，可以通过改进后的系统中固有的新功能或改进的性能来证明。在经济学理论中，这条论证线是通过将额外复杂性的成本与货币价值挂钩来量化的，并与通过这些增强实现的货币化利益进行权衡。对于公用事业公司和企业主，技术开发业务案例需要进行这种分析，以便利益相关者或监管机构可以证明其集成是合理的。本课题应特别关注微电网的成本效益框架及其作为一种新的配电系统技术的可行性，同时考虑以下研究挑战：

（1）建立所有主要和次要利益的综合清单，以及量化利益的框架，包括辅助服务。

（2）开发一种方法来量化和分配直接和间接利益的货币价值，无论利益相关者是谁。

（3）制定一套方法来规划和优化机制的实施，以利用效益的运营和财务价值。

1.5.2.2 课题 2.2：能源和供应安全注意事项

本课题可能涉及多个城乡微电网在互联电力系统中的融合。它应该重点评估和量化多个微型电网并网对主机互联电力系统在技术性能、供电可靠性、经济性、基础设施潜在需求，特别是数据通信监控网络和信息技术等方面的影响。本课题可能提供一系列解决方案，以解决多个微电网的电力系统的技术问题、市场需求、标准和监管方面的问题，但存在以下研究挑战：

（1）量化了微电网高渗透率对互联电力系统的稳态、暂态性能的影响；

（2）确定潜在的违反监管要求和标准的情况，以及需要为微电网高渗透率建立新的导则；

（3）开发监控和电力管理策略和算法，以实现微电网的部分或完全自主，并最大限度地减少微电网内部的不利影响。

1.5.2.3 课题 2.3：需求侧响应技术与策略—能源管理和测量

考虑到智能微电网或智能电网的概念在写这本书的时候是相对较新的，本课题应该尝试为微电网的能量管理系统开发一个可靠、经济高效且易于扩展的通信平台，并理解为什么智能电网需要一个可靠的、具有成本效益的双向通信系统；即往返于客户的需求侧响应管理，允许监控和控制各种能源。

因此，研究网络应着眼于通过考虑智能微电网在现代电网设计中的作用来解决这些关键问题。这种想法背后的基本假设是，微电网可以作为自维持的发电和客户负荷集群，可以与电网交互并从并网模式转换到孤岛模式。在这种情况下，高级控制策略和能量管理系统是智能微电网研究的基础。为了评估智能微电网的成本和收益，需要对建筑负荷和客户负荷管理以及多个分布式能源进行研究。

能量管理系统通常使用先进的控制和通信技术将信号发送到在关键时期或高峰需求期间定位的负荷组。在微电网中，可以根据通知激活的需求侧响应负荷将被其集成到优化策略中。然后，这些信息将被传送到负责微电网分布式自动化的组件中。

此类信息的传输将通过适当的通信协议进行，以便在孤岛模式和电网重新接入模式之间的转换步骤中管理微电网。需要对快速和自动的需求侧响应以及现场发电进行评估，以量化削峰的范围，以及确定在保持一定的供电可靠性的同时，需要哪些额外措施才能使系统接近运行边界条件。

本课题应考虑通过需求响应、调峰、停电恢复等方式进行最优资产管理；通过评估微电网投资者的市场定价方法，结合区域或节点网络约束的函数来分配收益。综上所述，本课题应重点关注以下研究挑战：

（1）确定增加微电网部署的环境、经济和社会的影响及其整体可持续性；

（2）设计能量感知调度算法，确定微电网的成本和效益；

（3）考虑对主电网可靠性和容量的影响和约束，提出微电网内部负载均衡能力优化算法。

1.5.2.4 课题 2.4：集成设计导则和性能指标—研究案例

本主题应侧重于研究构建微电网组件模型、连接电网层、可再生发电设备、显示微电网之间基本控制交互作用的简化模型，以及基于新微电网部署中使用的现有示范装置的实际研究案例。综上所述，本课题应应对以下研究挑战：

（1）定义控制和通信平台，并确定建模需求，包括通信延迟和扩展、故障模式和持续时间等技术方面；

（2）开发适用于不同时间范围内不同操作场景的模型，建立所需的建模细节，并改进降阶模型；

（3）生成相关且普遍可用的研究案例，以促进微电网在现有传统和新型智能主电网中的部署。

1.5.3 课题 3：智能微电网通信与信息技术

考虑到几乎 90%的停电和干扰都源于配电网，智能电网的发展必须从配电系统开始。此外，化石燃料成本的迅速增加以及发电侧无法根据电力需求的增加扩大其发电规模，加快了通过引进需求侧管理技术来实现配电网现代化的必要性。作为其发展的下一个逻辑步骤，智能电网需要利用现有的基础设施，并在现有结构上实施其分布式指挥和控制策略。这体现在智能电网的普遍控制必须跨越系统的所有地理位置、组件和功能。这三个元素之间的划分非常重要，因为这决定了智能电网及其组成部分的拓扑结构。

智能电网定义为可适应集中式、分布式、间歇性和移动式等多种发电方式的电网。它使用户能够与能量管理系统进行交互，以管理其能源使用并降低其用能成本。智能电网也是一种自愈系统。它预测即将出现的故障，并采取纠正措施，以避免或减轻系统问题。可以在并网模式和孤岛模式下运行的智能微电网网络通常集成了许多组件，推出具有足够灵活性和可扩展性的高度分布式和智能管理系统。这不仅是需要管理系统的升级完善，还需要开放性以适应信息技术和电力系统中不断变化的技术。从纯粹的信息技术角度来看，智能电网通常被定义为一个系统，其中每个组件、变电站和发电厂中的独立处理器共同工作，以提供系统的功能。这些处理器是通过大量智能代理构建的，这些智能代理可以独立工作，也可以跨不同级别进行协作。

该课题应侧重于创新网络架构，以支持智能电网的各种交易的参与者之间的数据和命令的无缝交换。探讨了用于变电站网络的广域网（WAN）、用于智能计量的局域网（LAN）和用于智能电器的家庭局域网（HANs）的各种终端点之间的供应和通信问题。该课题应解决具体的研究问题，例如通信系统对网络技术及其相关通信协议和标准的控制系统动态、可靠性、弹性和安全性的影响，并关注实时测量的服务水平要求，数据库设计、事件/警报处理和本地化情报。

本课题的基本假设是，与传统的基于层次模型的电网控制策略不同，智能电网依赖于分布式指挥和控制系统。考虑到传感器阵列产生的数据量巨大，如智能仪表，智能电子设备（IED），变电站设备，现场组件等，它将不再实际依赖中央控制层次，因为它将需要访问从网络收集的大量数据，以做出操作和控制策略。因此，替代方案是分布式指挥和控制系统。在这种系统中，将所需的智能系统接入适当节点，在那里本地产生的相关数据将被检查和处理，并基于全局或本地控制属性，对该特定节点作出所需的操作和控制决定。然后，决策和结果将被传达给上层控制层，以获取信息和可能的全局或局部属性更新。

分布式指挥和控制系统倾向于减少系统响应时间（因为不需要等待上层控制系统根据当地条件做出决定），减少所需的通信带宽（因为不需要传输大量跨层次的数据接口中央控制系统），并将优化通信系统的部署和运营成本（因为通信技术可以基于响应时间、吞吐率、可靠性等对各个控制层进行优化）。

另一个研究领域是通过智能代理的分布式智能，设想用于能量管理系统的应用能够对网络的有关节点施加命令和控制。在这方面，应该创新智能代理结构和功能，将智能代理作为自主软件实体，锁定目标环境，并能够从其他代理或其周围环境中获取信息，并对他们需要采取的行动做出独立决策。

拥有一个完全集成的数据和控制架构，可以开发需求侧响应策略和技术，以利用系统范围内对传感器、智能电能表和负载控制设备的访问。应用程序是公用事业和用户的信息门户。他们的消费情况对环境和电力基础设施的影响被认为是解决节能问题的一个重要途径，对此主要需求是实时的、直观构建的数据门户和可视化技术，以向消费者展示他们在任何给定时间点的特定消费情况。据了解，公用事业公司将需要一个具有更多功能的类似门户。这将为不同决策级别的公用事业人员提供他们的资产、系统级服务和客户反馈的准确图片，在数据捕捉、分析、展示和易用性方面的问题被认为是本课题的相关研究领域。

课题 3 还应支持在智能微电网的各个组件之间建立经济高效的通信基础设

施。这可以通过研究最优架构和拓扑来实现，而不依赖任何特定技术，例如射频（RF）（包括 ZigBee、科学和医疗（ISM）频段（RF）、WiFi 和 WiMax）、电缆线（包括窄带和宽带电力线通信（PLC））和光纤技术。

课题 3 的具体成果可能包括：①HAN、LAN 和 WAN 网络的最优拓扑；②有效的网络接口和消息传递协议，以最大限度地减少流量；③挖掘动态路由和信道接入的最优算法；④安全、认证、冗余和可靠性参数；⑤智能微电网中不同信息类型的动态服务质量（QoS）需求；⑥消费者和公用事业数据的最佳数据库设计；⑦客户和效用信息以及交互门户的可视化技术。

1.5.3.1 课题 3.1：通用通信基础设施

关键基础设施的协议和安全性被认为依赖于一个强大、安全、可靠的通信和网络基础设施，对于传感器和控制器之间的通信进行监控和故障检测以及集成数据管理的消息传输至关重要。总之，本课题应重点关注以下研究内容：

（1）智能电网中 HAN、LAN 和 WAN 网络的媒体无关拓扑及其相关协议，以支持终端点之间的非对称通信（实时、事件和轮询）；

（2）通过每个网络（ZigBee，窄带 PLC，宽带 PLC，窄带 ISM 无线电，WiFi 和 WiMax）的混合技术无缝交换数据和命令；

（3）基于用户安全级别和命令，以及数据有效加密的各种访问功能项关联的身份验证方法，并使开销最小。

1.5.3.2 课题 3.2：并网需求、标准、规范和监管注意事项

本课题需要处理智能微电网中并网需求、标准、代码和监管的问题。特别需要研究智能微电网中不同信息类型的特性。这些是建立它们的动态服务质量参数和对它们的动态服务质量需求进行分类所需要的。这随后用于对新兴标准的进一步研究，并开发适用于强大通信基础设施的高效传输、信息处理和互通技术和策略以支持智能微电网的并网。总之，本课题应重点关注以下研究内容：

（1）将智能微电网并网的最优通信技术作为所需业务的功能；

（2）并网微电网之间端到端的消息传递、命令和控制标准；

（3）用于支持并网后的微电网间配电自动化的有效协议。

1.5.3.3 课题 3.3：配电自动化通信：传感器、状态监测和故障检测

本课题应涉及先进传感器网络及其相关的故障检测、硬件监控和固件的发展，这些硬件和固件既具有成本效益，又易于与安装在微电网中的组件、IED、逆变器和其他设备集成。综上所述，本课题应考虑以下研究挑战：

（1）智能传感器网络的技术拓扑；

（2）用于实现智能传感器网络经济高效的技术；

(3) 以支持动态变化的传感器网络配置文件的实时操作系统。

1.5.3.4 课题 3.4：集成数据管理和门户

本课题应关注数据提取和数据组织。智能微电网中数据是普遍存在的。因此，这项研究应该处理产生的大量数据或需要访问已经消化、处理和格式化数据的系统。数据管理技术可用于整个微电网系统，以处理各种微电网组件的数据、命令和控制信息。该主题的目标成果应该是创新的数据库架构，它将动态地扩展、配置和优化，进行门户及其相关的数据呈现和可视化技术应用，为智能电网的各种能源交易模式的各种利益相关者进行优化。总之，本课题应关注以下研究挑战：

(1) 在智能微电网内部和跨微电网的各种命令和控制系统中对高度通用的智能代理进行剖析；

(2) 建立可动态扩展的多端口数据库架构，支持本地和远程能源管理应用；

(3) 建立用户和实用程序门户的平台相关架构及其相关的演示和可视化技术应用。

1.6 微电网设计流程和导则

微电网设计过程中所涉及的步骤可用于更好地指导实践。设计过程和导则是 NSMG-Net 的研究成果，虽然是在加拿大的背景下开发的，但是导则也可适用于一般的微电网。

微电网设计流程如图 1-4 所示。它主要包括两个阶段，第一阶段是研究与开发，第二阶段是实施和验证。每个阶段都有组件，这些组件有自己的子组件。虽然每个组件都与其他组件和子组件相关，但可以确定一个连续的过程流程，其中可能还需要进行迭代，以便在研发阶段重新设计微电网的一些组件。该导则不包括微电网的部署阶段。

设计过程的组成部分是：

(1) 基准编制。为微电网定义一个可供比较的基准情况或基准是很重要的，因此，作为起点，设计者应该为应急电源（EPS）编制可用的微电网基准。基准测试应该尽可能地代表业务案例。业务案例可能是偏远社区、校园微电网、军事基地等。

(2) 微电网元素建模。在这些基准测试中开发用于微电网元件的模型，包括发电机、能量来源、负荷和本地储能选择。

(3) 建模权衡。分析并提供对建模细节和模型细节进行权衡的关键评估，并根据要执行的研究类型推荐建模细节。

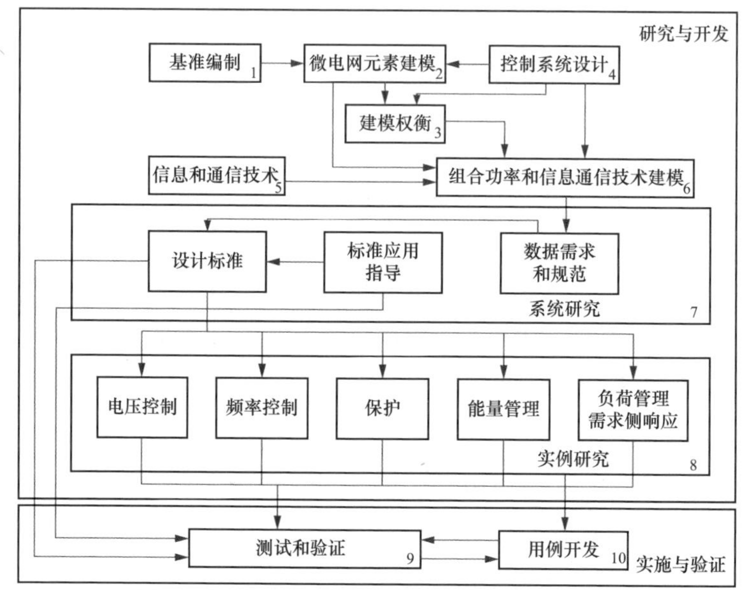

图 1-4　微电网设计流程图

（4）控制系统设计。设计控制系统和在微电网中实施的方法，用于满足确定的要求。

（5）信息和通信技术。编制在微电网中实施的信息和通信系统，用于满足确定的要求。

（6）组合功率和信息通信技术建模。定义一种结合电力和通信系统层的建模方法，从而实现完整的系统建模。

（7）系统研究。定义与微电网运行相关的典型系统研究要求，在并网和孤岛运行中，确定案例研究所需的系统，包括适当的基准系统和组件。

（8）案例研究开发。研究各种微电网运行场景和突发事件所需的一组系统样本案例，用于实时运行（电压和频率控制、保护、孤岛和重新连接）以及微电网内的发电、存储和负载的能源管理，孤岛和并网模式。

（9）测试和验证。如果可能，使用实时硬件环路平台（HIL）和现场结果测试和验证模型。

（10）用例开发。为上面定义的示例案例研究开发用例。

1.7　微电网设计目标

与流程同样重要的是要明确微电网的设计目标。设计目标可以是微电网需要实现的单个或一组特定目标。本书列出了微电网的六个总体设计目标。微电网还可以设计为一次满足多个设计目标，力求以最佳方式满足所有设计目标。设计目标是：

（1）减少碳足迹。这一设计目标更加环保，意味着运营微电网以减少微电网的温室气体排放和碳足迹。

（2）微电网发展的可靠性。该设计目标在加强应急电源和可靠电源方面为公用事业和客户提供服务。该公用事业公司还受益于其资产压力的减少。设计目标还可以包括一个黑启动选项，用于微电网在紧急情况下协助应急电源恢复供电。

（3）可再生能源整合能力提升。这一设计目标允许在不限电的情况下整合可变的可再生能源。

（4）降低成本和延迟投资。该设计目标通过在为消费者服务的同时不断优化经济调度来降低能源运营成本。

（5）效率提升。该设计目标通过在消耗点提供负载而不通过传输来减少系统的损失，否则会导致损耗增加。

（6）提高操作灵活性和能源调度能力。该设计目标使微电网能够增强其连接的应急电源的操作灵活性。例如，微电网可用于在无功功率支持、频率支持以及其他一次侧和二次侧响应功能方面为应急电源提供辅助服务。

1.8 本书内容

本书的其余部分包括：

第 2 章为应急电源编写了可用的微电网基准，包括为确定的基准系统（即校园型微电网、公用事业型微电网和 CIGRE LV 北美基准）开发的模型。它还为所使用的基准确定并提供理由。这些基准使合作伙伴公司、最终客户和研究人员共同开发和验证各种系统架构。

第 3 章介绍了可用于微电网设计过程的微电网组件的数学建模。详细描述了微电网的所有必要组件，包括负载、太阳能、风能、分布式能源、本地分布式能源控制和具有环路硬件的分布式能源。

第 4 章分析并提供了对建模细节和模型细节权衡的评估方法，并根据要执行的研究类型推荐建模细节。

第 5 章汇编了在微电网中实施的控制和系统保护的方法，用于满足确定的要求。

第 6 章汇编了在微电网中使用并满足确定要求的信息和通信系统。

第 7 章定义了一种结合电力和通信系统的建模方法，进而进行完整的系统研究。

第 8 章定义了与微电网运行相关的典型系统研究要求，在并网和孤岛运行中，确定案例研究所需的系统，包括适当的基准系统和组件。此外，它还涵盖了加拿大设计导则的总体方法和设计标准。

第 9 章确定了一组系统样本案例研究，用于研究各种微电网运行场景和突发事件、实时运行（电压和频率控制、保护、孤岛和重新接入）以及在孤岛和并网模式下发电、储存和微电网内负载的能量管理。

第 10 章总结了第 9 章中定义的示例研究中的典型用例。

第 11 章介绍了模型的验证以及先前章节中关于校园微电网和公用事业微电网的模型的现场结果。还介绍了来自 NSMG-Net 项目的四个案例。

第 12 章包含对本书中所做工作的调查结果和总结性评论。

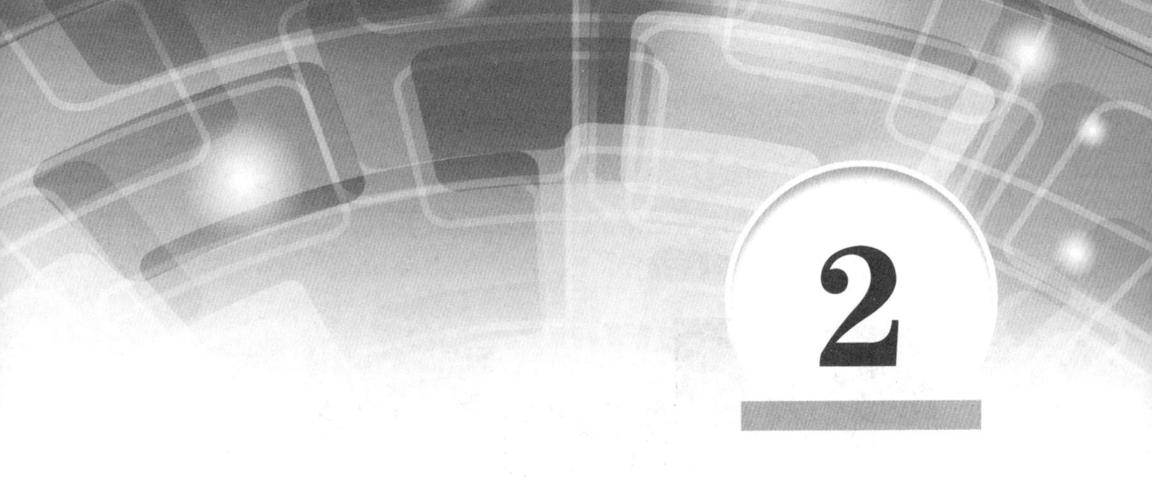

2 微电网基准

微电网设计的第一步是根据所要设计的微网类型，建立具有代表性的基准模型。常见的微电网类型包括商业/工业微网、社区/公用事业微网、校园/机构微网、军事微网和远程微网。

作为加拿大国家微电网研究网络的一部分，三种不同的微电网被用作分析所提出的策略的基准。基准模型包括典型的校园型微网、典型的公用型微网、CIGRE 微网。

以下部分将提供对所使用基准的描述。

2.1 校园微网

一个典型校园微网基础设施如图 2-1 所示。它在高科技公司、终端用户和研究人员共同努力下完成，开发配备了各系统架构、配置、接口协议和电网规划，以满足国家和全球的优先联合产能、高效调度和配电、负荷控制、需求响应、先进的计量和清洁能源的集成。

这个具体的校园微网是战略网络的一部分，该网络将加拿大许多著名大学的世界级研究人员聚集在一起，利用智能微电网基础设施来测试和验证他们的研究结果。与网络的研究一起，基础设施作为一个理想的集成和测试设施，使研究人员能够汇集他们的多样化的专业知识和资源来开发智能电网技术和解决方案，然后需要根据加拿大各地不同的气候、地理和经济需求进行定制。

2.1.1 校园微网描述

校园微网基准是一个典型的微电网，配备了当地电力公司的供电、当地变电站和配电基础设施以及自己的联合供电能力。其中，为校区供电的变电站配备了智能组件，以监控消费、需求曲线和配电量。这些变电站通过纳入校园的网络工程实验室实现联网，其中包括测试不同网络拓扑、架构和变电站网络协议的弹性的通信服务器。

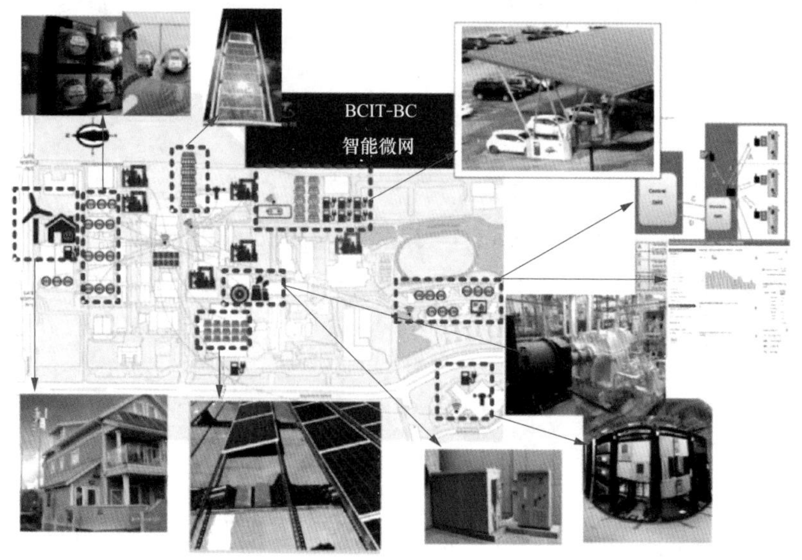

图 2-1　校园智能微网

网络工程实验室包括网络路由器和交换机、流量发生器、故障仿真器和网络分析工具等网络硬件和测试设备，能够模拟和测试各规模和各互连类型的网络配置，以便不同的网格拓扑可以在真实而受控的环境中进行实验。校园智能微网是一个研究、开发和演示平台，在此平台上，电信、智能计量、联合发电、智能设备等技术用来开发最稳定、最经济和可扩展的解决方案，以促进智能电网的发展和出现。这所联合大学组建了一个由私营企业合作伙伴组成的联盟，帮助设计和实现智能微电网。该联盟由该领域技术前沿的本地和国际科技公司组成，涵盖了实现智能电网所需的广泛的硬件、软件和系统技术。电网公司是所开发的技术和解决方案的最终用户，指导、监督和审查所开发的体系结构、模型和协议的验证和确认过程。

除了终端，本地的联合发电厂（风、光、热）被集成到微电网中以开发联合发电的控制模型，并将这些替代能源集成到未来的智能电网中。校园微网内建设安装了智能终端和控制元件组成的网络。建筑物配备了智能电能表和智能控制的电器，这些组件都配备了通信模块，从而与变电站的数据聚合单元进行通信。

2.1.2　校园微网子系统

下面的小节将详细介绍校园微网中的组件和子系统。

2.1.2.1 组件和子系统

可持续间歇性资源的开放获取（the Open Access to Sustainable Intermittent Sources，OASIS）子系统由 250kW 光伏阵列、500kWh 锂电池、280kW 四象限并网逆变器、电动汽车三级直流快充电站集群和其他校园负荷组成。OASIS 子系统的详细信息和体系结构如图 2-2 所示。

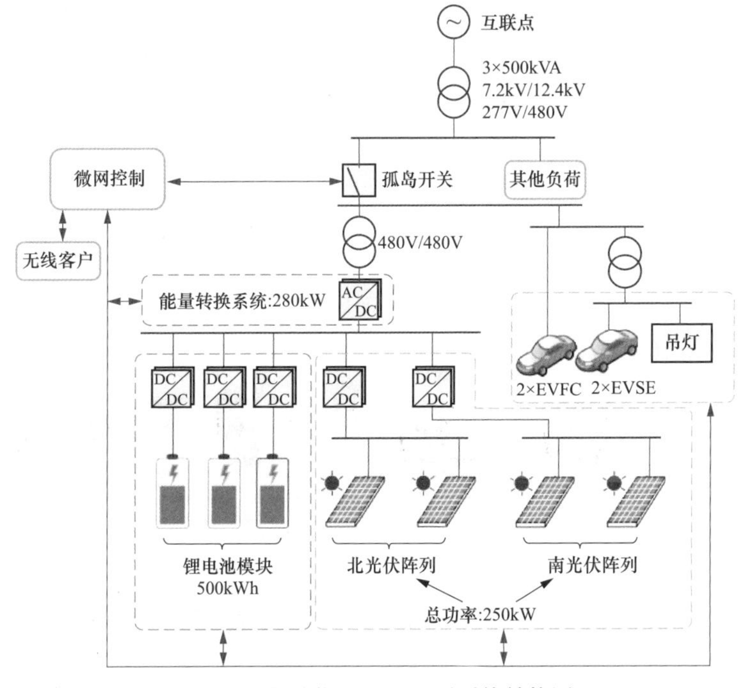

图 2-2 校园微网 OASIS 子系统结构图

蒸汽涡轮发电机（Steam Turbine Generator，STG）子系统由 250kW 的蒸汽轮机、75kWh 锂电池和 25kW 的并网逆变器组成。有很多负荷由这台涡轮机提供电能。STG 子系统的细节和体系结构如图 2-3 所示。

建筑微网子系统由 84 块装机容量为 17kW 的太阳能电池板和测量太阳能发电的电能表组成，这些电池板从建筑的 2 楼接入电网。

智能家居子系统是一个净零能源家庭，由 4kW 光伏阵列、5kW 风力涡轮机、4kWh 铅酸电池、电动汽车充电器、智能电器、智能电能表、家用显示器、智能恒温器、地热交换加热和冷却系统和能源管理系统组成，并由电能表测量并记录房屋的功耗。子系统的详细信息和体系结构如图 2-4 所示。

2.1.2.2 自动化与仪器仪表

智能电能表集群测量校园中包括宿舍在内的不同建筑，大多数电能表可以通过中央能量管理系统访问。集群更容易地聚合能耗数据，从而测量微网的各种负载配置。

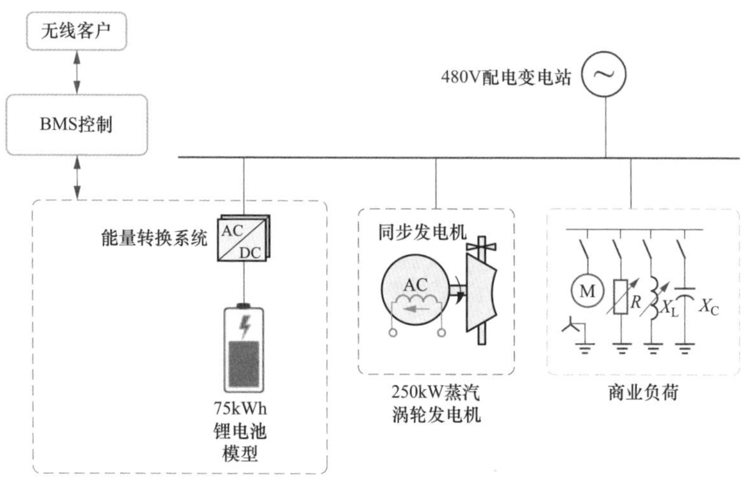

图 2-3　校园微网 STG 子系统结构图

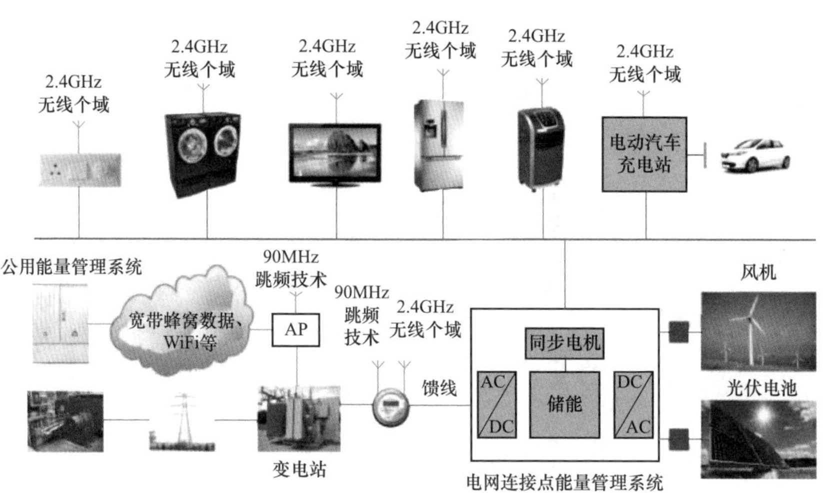

图 2-4　校园微网智能家居子系统结构图

气象站是固态设备，没有活动部件。气象站提供准确的天气测量数据，对含可再生能源的微网预测与天气相关的发电量和能源需求非常重要。

通信系统由 16D 5.8 GHz 的无线客户端、2.4GHz 的无线个域网基站、遍布校园的用户和电力线组成，电力线通信系统确保了远距离的网络连接，但需要注意这两个系统需要维护和保养。

变电站自动化实验室由不同的 IEC 61850 兼容继电器和智能电子设备（Intelligent Electronic Devices，IED）组成，包括实时测试硬件以及信号接口板。其中，继电器可以安装先进的保护安全漏洞缓解方案，测试多个供应商设备上的保护逻辑，并确认这些供应商设备之间的逻辑互通性。

微网控制中心配备了10GB路由器、数据包产生器、交换机和防火墙，为网络连接设备和系统提供实验室安全测试。

2.2 公用微网

2.2.1 公用微网描述

公用微网由120/25kV，28MVA，Y-△接地变电站和25kV架空线路组成。此三相系统是一个使用477 AL架空线路、线路距离变电站约300m的四线直接接地系统。在典型的配电网中，线路上通常有各种配电设备，包括断路器、稳压器、并联电容器组、保护开关设备、串联电抗以及用于测量的电压互感器和电流互感器。输入馈线连接到三个架空馈线和一个地下馈线中，这使得系统拓扑重组以实现测试需求。分布式能源，如发电机和负载，可以通过三个单相14.4kV/347V，167kVA变压器连接到1号线或2号线。25kV配电试验线路航拍图如图2-5所示，公用微网系统单线图如图2-6所示。

图2-5　25kV配电试验线路航拍图

2.2.2 公用微网子系统

400kVA柴油发电机。控制系统采用电气控制，使微网控制器发送的设定值能够控制其有功功率和无功功率。

200kVA感应发电机。该发电机的原动机由相邻馈线供电的直流电机驱动，用来模拟风力发电机并监测其有功功率和无功功率。

300kVA同步发电机。该发电机的原动机由相邻馈线供电的感应电机变频驱动。微网控制器可以为调速系统提供功率设定值，为自动电压调节器（AVR）提供无功功率设定值。同步发电机可以运行在同步模式、电压或频率下降模式、功率设置点运行模式和基发电机模式。

250kVA基于逆变器的发电机。该发电机由相邻的馈线供电，该馈线的输入通过可控直流电源整流到直流电路，用来模拟逆变器接口的分布式发电机，如微型涡轮机、风力发电机和光伏发电，用可变的功率曲线模拟这种间歇性的资源，将输出视在功率反馈给控制器。

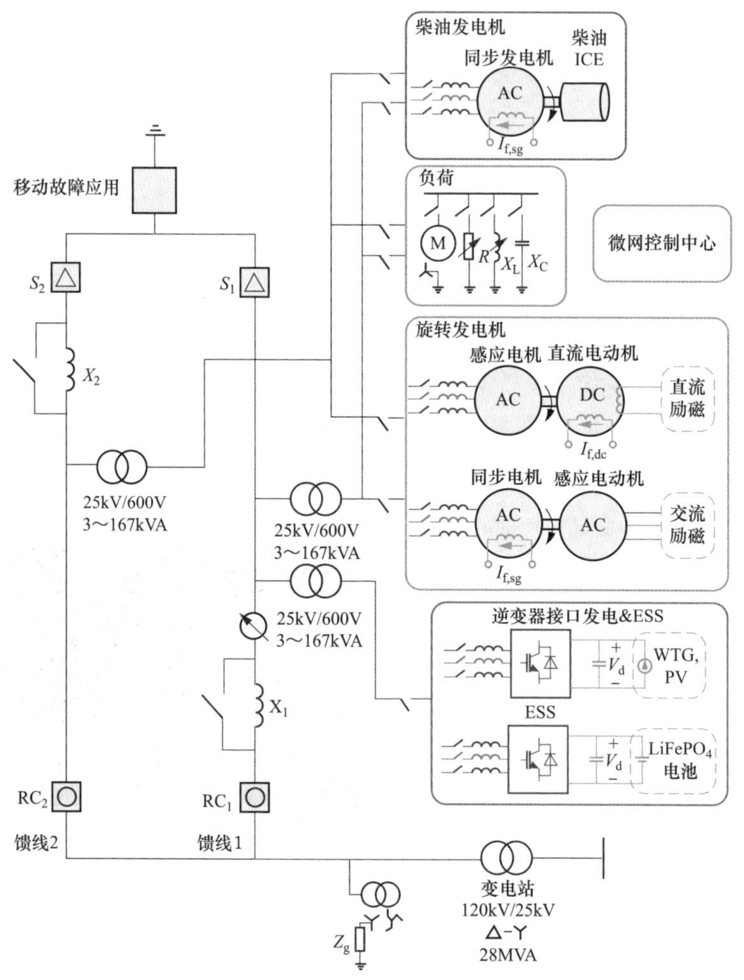

图 2-6　公用微网系统单线图

100kWh、200kVA 储能系统（100kWh 锂电池系统与 250kVA 双向变换器相连接）。该子系统用于支持孤岛事件、充放电以实现微电网最优、支持其他分布式能源、电压和频率调节、协助从并网向孤岛运行模式过渡、维护功率平衡、下垂控制等需求。微电网控制器应该能够与功率调节系统和建筑能源管理系统相互作用。

300kW＋150kvar 可控负载。可控负载采用背靠背晶闸管控制，其参考点是由基于 Labview 的图形用户界面（GUI）的 PC 提供的，负载遵循微网控制器设定的负载曲线，并提供需求响应能力。

600kW 负荷。连接到电网，并通过类似的方法进行控制。

125HP 感应电机负载。通过相同的 PC 界面和基于 Labview 的 GUI 进行控制。

可实现 PQ 和 PV 控制的 DER 控制器。如果 DER 接口设计为与系统兼容，那么系统能够集成 DER，因此需要向用户提供中央系统使用的数据格式和协议规则，以便正确地与监控控制和数据采集（SCADA）系统和相关控件进行接口对接。

2.3 CIGRE 微网

2.3.1 CIGRE 微网描述

CIGRE 定义了将分布式能源和可再生能源集成到北美中压配电网的基准系统。该基准系统有一个额外的分布式发电端口以允许其作为一个微网运行，且允许网格和辐射状结构的灵活建模。系统中的馈线将多个中压/低压变压器连接起来。在北美，放射状结构更为普遍，因此单相中压线路在三相干线之外作为子网络。三相标称电压为 12.47kV，单相相电压为 7.2kV，系统频率为 60Hz。

图 2-7 给出了北美中压基准网络的拓扑结构，其中馈线 1 和馈线 2 运行在 12.47kV，由 115kV 的次级输电系统供电。任一单独馈线或两个馈线都可以用于

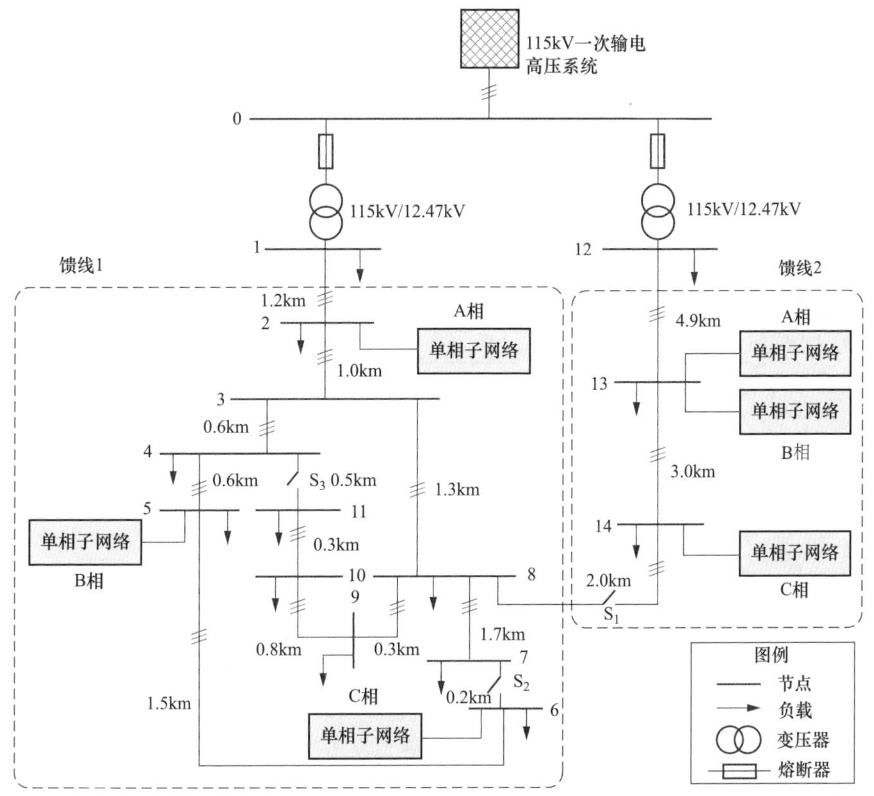

图 2-7 北美中压配电网 CIGRE 基准三相拓扑

研究分布式能源集成。通过配置开关 S_1、S_2、S_3 可以引入更多的分布式能源集成的方式。如果开关打开，那么两个馈线都是辐射状的。如果闭合馈线 1 中的 S_2 和 S_3，那么将形成一个环形网格。如果给定 S_1 的开断状态，那么可以决定两个馈线由同一个变电站或不同的变电站供电。例如，闭合 S_1，可以通过配电线将两个馈线连接起来。

图 2-8 展示了 NSMG-Net 项目改进后的 CIGRE 基准模型。此模型可以通过打开图 2-7 中的开关 S_1 来实现。如前所述，分布式发电将允许网络作为微网运行。

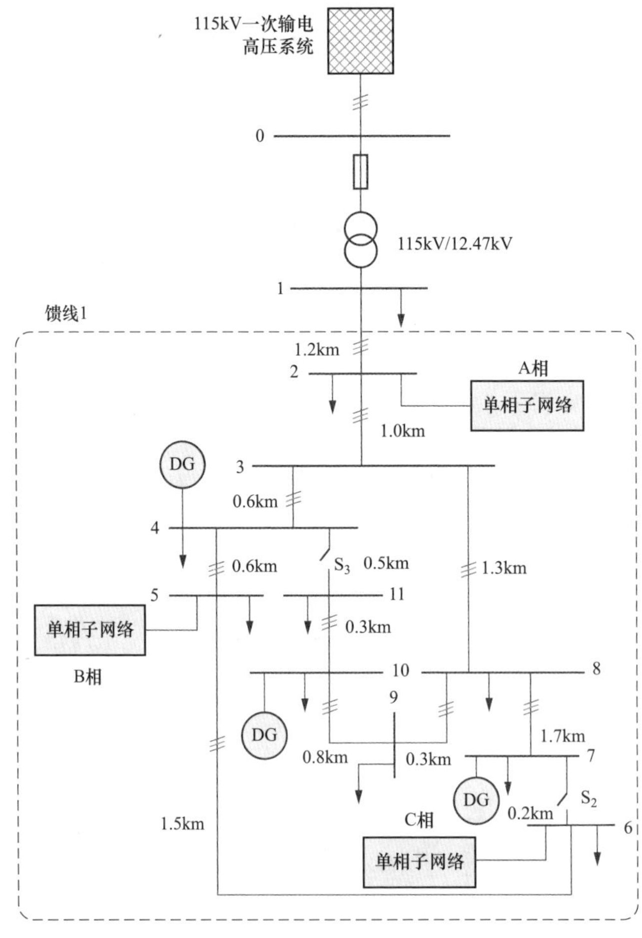

图 2-8 改进后的北美中压配电网 CIGRE 基准模型

2.3.2 CIGRE 微网子系统

2.3.2.1 负载

表 2-1 包含了基准中的每个节点的负荷峰值。需要注意的是，给节点 1 和节

点 12 的负载值与其他节点相比大得多。这些负载表示由变压器提供的额外馈线，不属于建模馈线。

表 2-1　　CIGRE 中压配电网基准中节点的负荷峰值

节点	视在功率（kVA）						功率因数	
	R①	C/I②	R	C/I	R	C/I	R	C/T
1	5010	3070	4910	2570	3860	3520	0.93	0.87
2	100+子网络	200	50	300	200	300	0.95	0.85
3	—	80	200	80	50	80	0.90	0.80
4	200	—	100	—	100	—	0.90	—
5	200	50	子网络	200	—	50	0.95	—
6	50	—	100	—	子网络	—	0.95	—
7	—	100	100	100	—	100	0.95	0.95
8	100	—	150	—	—	200	0.90	0.90
9	100	—	150	—	100	—	0.95	—
10	150	—	100	—	250	—	0.90	—
11	50	150	50	150	—	150	0.95	0.85
12	1060	1260	1060	1260	1060	1260	0.90	0.87
13	子网络	225	子网络	225	—	225	0.95	0.85
14	—	90	—	90	子网络	90	0.90	0.90

① 电阻性。
② 电容性/电感性。

2.3.2.2　灵活性

有些研究需要评估不同网络条件下分布式能源的影响。中压配电网基准提供以下灵活性：

电压：通过适当地调整导线、导线间距、铁塔结构、变压器和其他相关参数，可以得到网络上非 20kV 的其他电压。

线路长度：在压降不大并保持中压配电网特性的情况下，线路长度可以修改。

线路类型及参数：通过使用部分电缆或使用整个电缆代替架空线路，能够调整线路参数。每次更改，都需要修改线路参数。

负载：负载值可以根据需要进行修改。如果北美中压配电网基准需要不平衡负载，负载不平衡度为±10%是合理的。

2.4　基准选择依据

选择基准的目的是对实现微网中的多种目标的各种创新算法进行测试和验

证。校园和公用微网提供了一个实际的物理测试平台，形成了电力系统中各种网络拓扑，从而让设计者得以研究和分析真实系统的结果及其技术上的复杂性。CIGRE 基准网络提供了一个通用的标准网络进行测试。该网络模型被许多研究人员用作各种算法和技术的测试平台，也可以独立验证读者所提出的技术。此基准的研究包括分析不同的分布式能源对潮流、电压分布、稳定性、电能质量、可靠性的影响，以及能源管理、控制和保护等技术的应用等。

3

微电网的要素及建模

本章介绍了可用于完成微电网建模的各组成部分的模型。该模型能够在微电网环境中对各部分（负荷、光伏、风电、分布式电源（DER）、分布式电源控制器及其硬件回路）进行单元测试。模型所需的输入对应于待测试的高级控制和自动化算法所需的各种功能。在不同的软件仿真、实时仿真或硬件平台上对模型进行独立验证也很重要。

3.1 负荷模型

负荷对分布式电源（DER）单元影响强烈，并可与之动态交互。因此，适当的负荷模型对于研究微电网的动态和稳态性能非常重要。本节介绍两种通用的负荷模型结构，它们可以模拟不同负荷的稳态和动态情况。一种是基于电流源的负荷模型，能够模拟负荷阻抗特性。另一个是基于并网逆变器的负荷模型，该模型随着提供给它的有功和无功功率变化而变化。以下是对两种模型的详细解释。

3.1.1 基于电流源的负荷模型

基于电流源的负荷模型的结构如图 3-1 所示。负荷由三个受控电流源建模，每相一个，其控制信号由 dq 到 abc 三相变换模块获得。因此，负荷电流的 d 轴和 q 轴分量 i_{Ld} 和 i_{Lq} 基于负荷电压分量 v_{Ld} 和 v_{Lq} 动态确定，而负荷电压分量 v_{Ld} 和 v_{Lq} 又是根据负荷终端电压 v_{Labc} 计

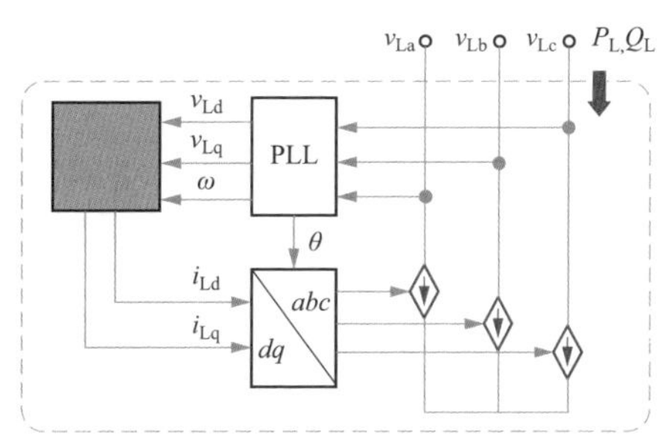

图 3-1 负荷模型结构图

算得出的。如图 3-1 所示，锁相环（PLL）用于确定 dq 的方向。由此，PLL 可计算出负荷电压矢量的角度 θ 和角速度 ω_L（即负荷电压的频率）。由于 PLL 的功能，v_{Ld} 在稳定状态下可设为零。

负荷电流的 d 轴和 q 轴分量基于以下动态系统，如式（3-1）所示：

$$\frac{dx_L}{dt}=\boldsymbol{A}_L x_L+\boldsymbol{B}_L\begin{bmatrix}v_{Ld}\\v_{Lq}\end{bmatrix}$$
$$\begin{bmatrix}i_{Ld}\\i_{Lq}\end{bmatrix}=\boldsymbol{C}_L x_L \tag{3-1}$$

其中，$\boldsymbol{A}_L$、$\boldsymbol{B}_L$ 和 $\boldsymbol{C}_L$ 是确定负荷动态和稳态特性的时不变矩阵。求解方程（3-1）得到 $i_{Ld}(t)$ 和 $i_{Lq}(t)$，可以写出：

$$\begin{bmatrix}i_{Ld}(t)\\i_{Lq}(t)\end{bmatrix}-\boldsymbol{C}_L e^{A_L t}x_L(0)+\int_0^t \boldsymbol{C}_L e^{A_L(t-\tau)}\boldsymbol{B}_L\begin{bmatrix}v_{Ld}\\v_{Lq}\end{bmatrix}d\tau \tag{3-2}$$

其中，$x_L(0)$ 表示向量的初始状态。方程式（3-2）用于设置负荷的动态和稳态特性。

3.1.2 基于并网逆变器的负荷模型

基于逆变器的可控负荷用于吸收给定的有功和无功功率。功率基准可根据所需负荷输出的函数获得，例如，负荷的温度。式（3-3）给出了恒定阻抗负荷的典型建模方法。

$$P_{ref}(t)+jQ_{ref}(t)=\frac{V_{term}^2(t)}{Z_{load}} \tag{3-3}$$

式中，P_{ref} 和 Q_{ref} 分别为负荷的有功功率和无功功率；V_{term} 为负荷的终端电压，Z_{load} 为负荷的恒定阻抗。实现可控负荷的并网逆变器如图 3-2 所示，其中 VSC 为电压源换流器，PCC 为公共连接点。图 3-3 所示的解耦 dq 控制用于控制逆变器输出的有功和无功功率水平。

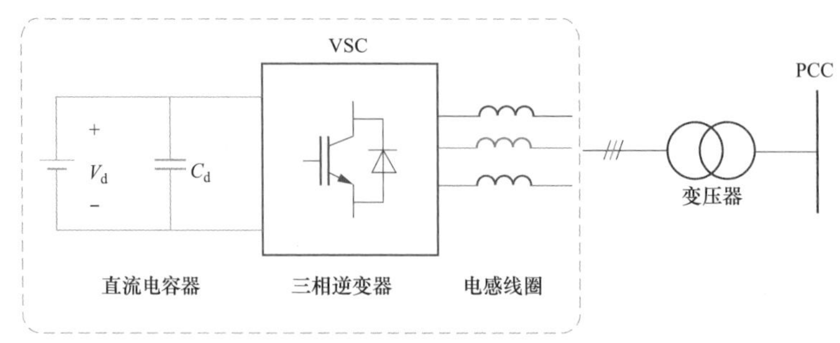

图 3-2 用于可控负荷的并网逆变器配置

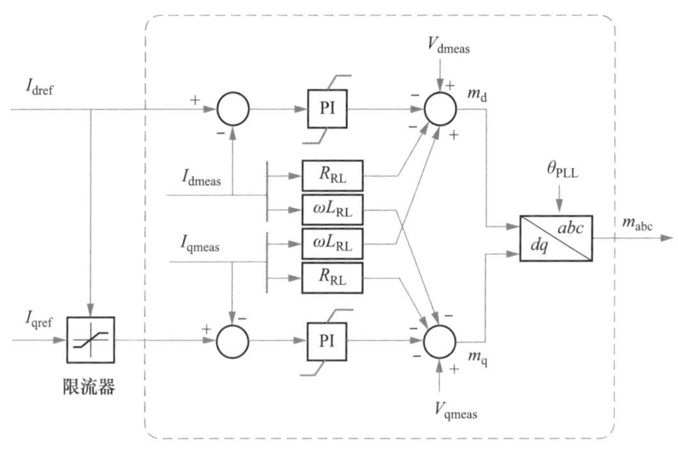

图 3-3　用于可控负荷的并网逆变器控制回路

3.2　电力电子变换器模型

微电网中分布式电源大部分是通过电力电子变换器连接到交流网络的。这些变换器通常是单相两电平、三相两电平或三相三电平变换器（VSCs)。所有这些变换器的拓扑都由两级式半桥模块组成，如图 3-4 所示。根据不同的具体情况，这些半桥通常采用三种方式建模。这三种方法是：

（1）详细的开关模型。在基于半桥的详细开关模型中，开关由结点电压降和导通电阻等表示，如图 3-5 所示。这种模型也可以用来表示晶体管和二极管的开关特性。这种模型能够提供最精确的结果（含开关谐波)，但同时需要消耗大量的计算资源来进行仿真。所以，这种模型适用于需要模拟开关行为以及精确的谐波数据的应用场合，如转换器的研究设计和单元测试等。

（2）开关函数模型。在开关函数模型中，开关由交流侧的电压源（与开关状态相关）和直流侧的电流源（与开关状态相关）表示，如图 3-6 所示。这种模型兼顾了模拟的精确性和算力资源经济性，它不能模拟详细的开关特性。所以，这种模型多用于系统级别的研究，不关注具体的开关状态及其谐波数据，适用于对回路中的硬件（HIL）进行实时仿真研究。

（3）平均开关模型。在平均模型中，开关由交流侧的电压源（取决于调制信号，与选通信号相反）以及直流侧的电流源（取决于调制信号）来表示，如图 3-7 所示。这种模型对开关频率不敏感，它不能模拟开关特性。但是，这种模型的性能是最好的，适合用于大型网络的研究，以及不关注高次（开关）谐波的

大时间步长等场景。

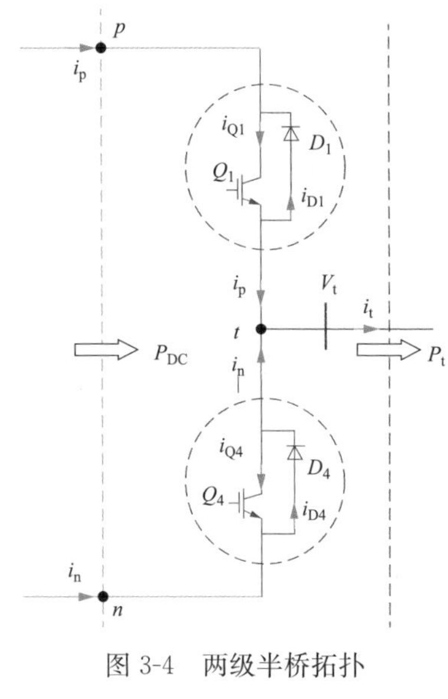

图 3-4　两级半桥拓扑

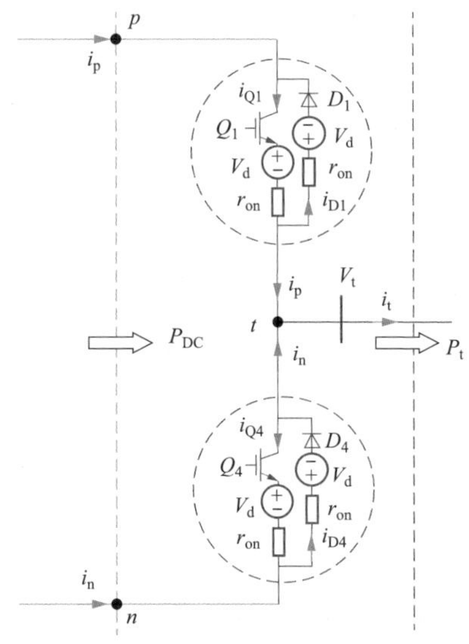

图 3-5　详细的开关模型

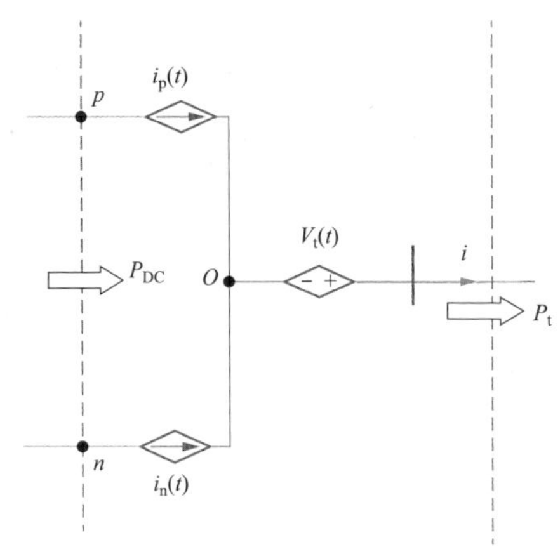

图 3-6　开关函数模型

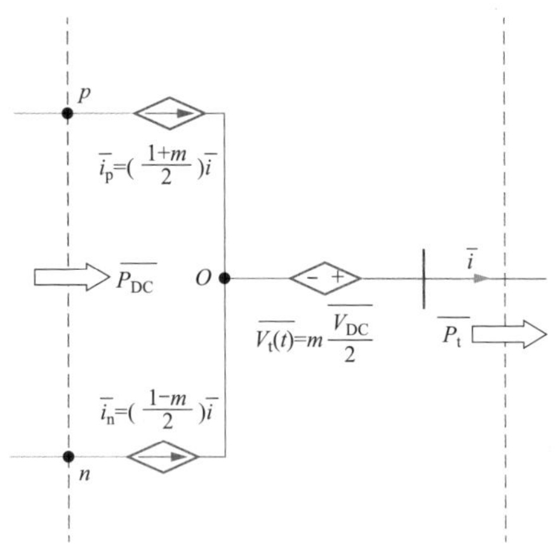

图 3-7　平均开关模型

图中，V_{DC}代表直流链路电压，Q 和 D 分别表示晶体管和二极管，P_t 表示有功功率，V_t 表示交流侧电压，m 表示调制信号。

3.3　光伏模块模型

本节介绍了光伏（PV）模块在应用场景的建模。该模型采用了直接由制造商提供的光伏系统仿真数据表中的信息，并考虑了光伏模块及单体电池之间参数

的区别。应用结果证明了模型的简单性、准确性和可靠性。该模型考虑了辐照度和温度的变化。

光伏模块电流（I_m）和辐照度（G）之间以及组件电压（V_m）和组件温度（T）之间存在明确的关系。然而，I_m 与 T 或 V_m 与 G 之间没有显著的关系。光伏模块电流 I_m 是辐照度 G 的函数，在标准测试条件（STC）下，其给定瞬间的值如式（3-4）所示：

$$I_{mt} = \frac{G_t}{G_{STC}} I_{STC} = kI_{STC} \tag{3-4}$$

其中，I_{STC}表示在标准测试条件（STC）下的组件电流；$G_{STC}=1000\mathrm{Wm^{-2}}$；$G_t=1\mathrm{Wm^{-2}}$，代表 t 时刻的辐照度；I_{mt}表示 G_t 对应的电流；$k=G_t/G_{STC}$。

式（3-4）也可表示光伏模块的功率，将 I 替换为 P 后，P_m 作为标准测试条件（STC）下给定瞬间的 G 的函数，如式（3-5）所示：

$$P_{mt} = kP_{STC} \tag{3-5}$$

其中，P_{STC}表示标准测试条件 STC 下的组件功率；P_{mt}表示 G_t 对应的组件功率。

需要注意的是，式（3-4）和式（3-5）并未考虑温度变化。因此，方程式（3-6）用于表征温度变化，如式（3-6）所示：

$$P_{mT} = P_{STC}C_p(T_m - T_r) \tag{3-6}$$

其中，C_p 表示数据表中给出的光伏模块功率温度系数；T_m 表示光伏模块工作温度；T_r 表示光伏模块在 STC 条件下的参考温度；P_{mT}表示温度 T 时模块功率的变化。

通过将式（3-5）和式（3-6）相加为方程式（3-7），定义了光伏模块跟辐照度和温度相关的电气方程。

$$P_m = P_{mt} + P_{mT} \tag{3-7}$$

其中，给定时刻的模块功率 P_m 是 G 和 T 的函数。类似的，光伏模块电压作为温度的函数由式（3-8）给出

$$V_m = V_{OC} + V_{mT} \tag{3-8}$$

其中，$V_{mT}=V_{OC}C_V(T_m - T_r)$ 表示光伏模块在温度 T 时的电压；V_{OC}表示光伏模块在 STC 条件下的空载电压；C_V 表示数据表中给出的模块电压温度系数。

最后，将式（3-7）除以式（3-8）得到给定 G 和 T 的模块电流（I_m）

$$I_m = \frac{P_m}{V_m} \tag{3-9}$$

以上所给出的光伏模块模型可以在任何仿真软件中轻松建模。可以使用模块或函数方法来实现该模型。式（3-4）～式(3-9）中所有变量的值，都可以直接从

制造商提供的电气数据表和 IV 图中获得。

3.4 风力发电机模型

风力发电机的模型是一个通过 RL 线圈和附加滤波器连接到并网电力电子变换器的可控电流源，如图 3-8 所示。最大功率点跟踪（MPPT）曲线需要以风速数据作为输入，该曲线描述了风机的最大输出功率。动力传动系统模型由一阶低通滤波器表示。然后，该动力被馈送至可控电流源，注入由转子侧变流器控制的电网。电网侧变流器在直流链路电压控制模式下运行。该模型可以在 MPPT 曲线和动力传动系统低通滤波器时间常数中对机械参数进行建模。该模型能够模拟使用 MPPT 或其他功率削减策略运行的风力发电机（如第 3.7 节所述）。此处的风力发电机模型是基于双馈感应发电机的Ⅲ型风力发电机模型。Ⅲ型风机的替代方案是Ⅳ型，即全变流器系统，其发电机位于 AC-DC-AC 变流器后面。

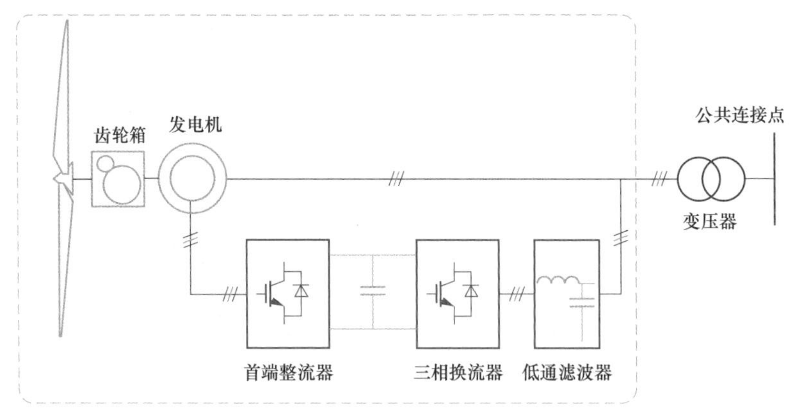

图 3-8 推荐用于微电网的风力发电机模型

3.5 含多个分布式电源的微电网建模

用于研究含多个分布式电源的微电网系统示意图如图 3-9 所示。该微电网包括三个可调度的分布式电源，额定电压为 0.6kV，额定功率分别为 1.6、1.2MVA 和 0.8MVA。它还包括三个本地负荷和两条 13.8kV 配电线路段。每个分布式电源由一个 1.5kV 直流电压源、一个变换器（VSC）和一个串联 RL 滤波器表示，并通过其上网点母线上的一个 0.6/13.8kV 升压变压器（与相连的分布式电源具有相同的额定功率）与电网连接。公网由一个交流电压源以及一组阻抗和感抗表示。根据断路器“QF”的状态，微电网可在并网或孤岛模式下运行。

图 3-9 中的微电网数学模型是基于 dq 同步旋转坐标系下的线性模型建立的。图 3-10 所示是微电网的单线图。该控制器基于系统的基频分量进行设计。每个分布式电源由一个三相受控电压源和一个串联 RL 分支表示。推荐的分布式电源的变换器（VSC）模型为开关函数模型或一般模型。每个负荷由一个等效的并联

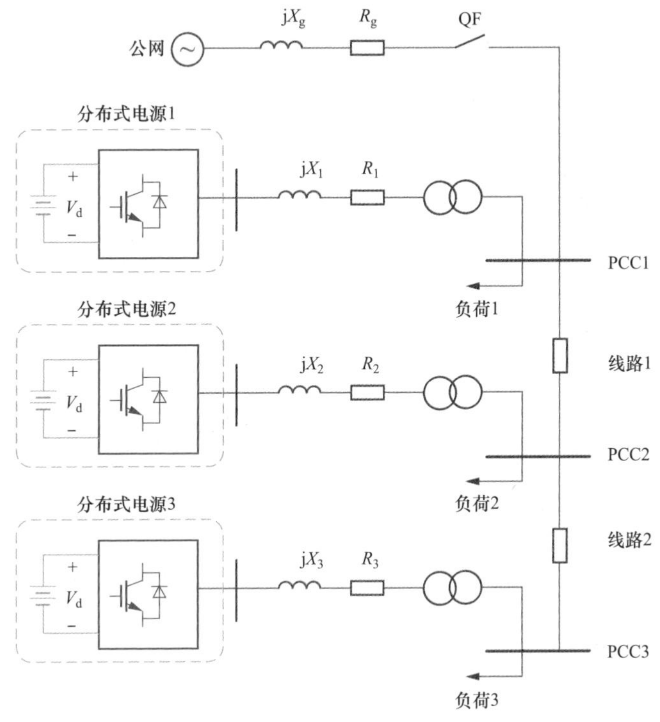

图 3-9　含多个分布式电源的微电网系统示意图

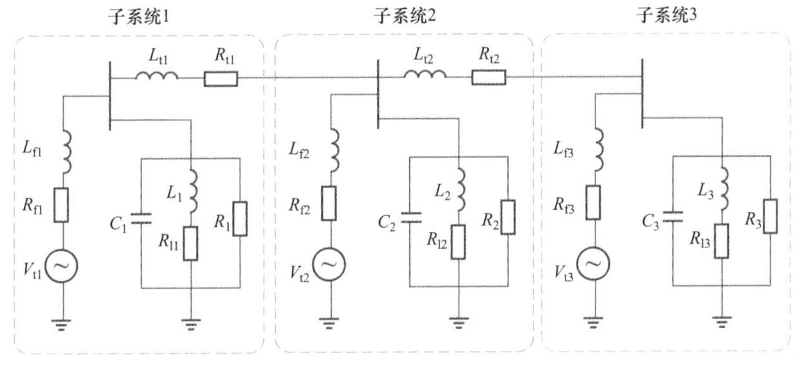

图 3-10　用于推导状态空间方程的微电网单线图

型 RLC 电路表示。每条配电线路由串联的 RL 元件表示。

多分布式电源微电网的系统参数如表 3-1 所示。

表 3-1　多分布式电源微电网的系统参数

基准值		
$S_{base}=1.6$MVA	$V_{base,low}=0.6$kV	$V_{base,high}=13.8$kV
变压器参数		
0.6/13.8kV	Δ/Y_g 接线	$X_T=8\%$
负荷参数		
负荷 1	负荷 2	负荷 3
R_1　350Ω　2.94p.u.	R_2　375Ω　3.15p.u.	R_3　400Ω　3.36p.u.
X_{L1}　41.8Ω　0.35p.u.	X_{L2}　37.7Ω　0.32p.u.	X_{L3}　45.2Ω　0.38p.u.
X_{C1}　44.2Ω　0.37p.u.	X_{C2}　40.8Ω　0.34p.u.	X_{C3}　48.2Ω　0.41p.u.
R_{l1}　2Ω　0.02p.u.	R_{l2}　2Ω　0.02p.u.	R_{l3}　2Ω　0.02p.u.
线路参数		
R　0.34Ωkm^{-1}　0.0029p.u.	线路 1 长度　5km	
X　0.3Ωkm^{-1}　0.0026p.u.	线路 2 长度　10km	
滤波器参数（基于分布式电源确定）		
$X_f=15\%$	品质因数 $Q=50$	
公网参数		
X_g　2.3Ω　0.024p.u.	R_g　2Ω　0.021p.u.	

（1）每个分布式电源模型由三部分组成：①一个恒定直流电压源；②基于两电平绝缘栅双极晶体管（IGBT）的变换器 VSC；③一个三相串联 RL 滤波器。变换器 VSC 使用频率为 6kHz 的正弦脉宽调制（SPWM）技术。VSC 滤波器用串联在每相的 RL 支路表示。

（2）每个分布式电源的接口变压器表示为线性三相配置。

（3）每个三相负荷表示为与每相并联的 RLC 分支。RLC 支路的品质因数为 20。

图 3-10 中的微电网实际上被划分为三个子系统。abc 框架中子系统 1 的数学模型如下：

$$\begin{cases} i_{1,abc}=i_{t1,abc}+C_1\dfrac{d\nu_{1,abc}}{dt}+i_{L1,abc}+\dfrac{v_{1,abc}}{R_1} \\ v_{t1,abc}=L_{f1}\dfrac{di_{1,abc}}{dt}+R_{f1}i_{1,abc}+v_{1,abc} \\ v_{1,abc}=L_1\dfrac{di_{L1,abc}}{dt}+R_{l1}i_{L1,abc} \\ v_{1,abc}=L_{t1}\dfrac{di_{t1,abc}}{dt}+R_{t1}i_{t1,abc}+v_{2,abc} \end{cases} \tag{3-10}$$

dq 坐标系如下所示：

$$f_{\mathrm{dq0}}=\frac{2}{3}\begin{bmatrix}\cos\theta & \cos\left(\theta-\frac{2}{3}\pi\right) & \cos\left(\theta-\frac{4}{3}\pi\right)\\ -\sin\theta & -\sin\left(\theta-\frac{2}{3}\pi\right) & -\sin\left(\theta-\frac{4}{3}\pi\right)\\ \frac{1}{\sqrt{2}} & \frac{1}{\sqrt{2}} & \frac{1}{\sqrt{2}}\end{bmatrix}f_{\mathrm{abc}} \tag{3-11}$$

其中，$\theta(t)$ 是分布式电源内部的晶体振荡器产生的相位角，也可以使用锁相环 PLL 导出。基于方程式（3-10）和式（3-11），子系统 1 在 dq 坐标系下的数学模型为：

$$\begin{cases}\dfrac{dV_{1,\mathrm{dq}}}{dt}=\dfrac{1}{C_1}I_{1,\mathrm{dq}}-\dfrac{1}{C_1}I_{\mathrm{t1,dq}}-\dfrac{1}{C_1}I_{\mathrm{L1,dq}}-\dfrac{1}{R_1C_1}V_{1,\mathrm{dq}}-\mathrm{j}\omega V_{1,\mathrm{dq}}\\ \dfrac{dI_{1,\mathrm{dq}}}{dt}=\dfrac{1}{L_{\mathrm{f1}}}V_{\mathrm{t1,dq}}-\dfrac{R_{\mathrm{f1}}}{L_{\mathrm{f1}}}I_{1,\mathrm{dq}}-\dfrac{1}{L_{\mathrm{f1}}}V_{1,\mathrm{dq}}-\mathrm{j}\omega I_{1,\mathrm{dq}}\\ \dfrac{dI_{\mathrm{L1,dq}}}{dt}=\dfrac{1}{L_1}V_{1,\mathrm{dq}}-\dfrac{R_{\mathrm{l1}}}{L_1}I_{\mathrm{L1,dq}}-\mathrm{j}\omega I_{\mathrm{L1,dq}}\\ \dfrac{dI_{\mathrm{t1,dq}}}{dt}=\dfrac{1}{L_{\mathrm{t1}}}V_{1,\mathrm{dq}}-\dfrac{R_{\mathrm{t1}}}{L_{\mathrm{t1}}}I_{\mathrm{t1,dq}}-\dfrac{1}{L_{\mathrm{t1}}}V_{2,\mathrm{dq}}-\mathrm{j}\omega I_{\mathrm{t1,dq}}\end{cases} \tag{3-12}$$

类似地，可给出子系统 2 和子系统 3 在 dq 坐标系下的数学模型，得出构建整个系统的状态空间模型。

$$\begin{cases}\dot{x}=\boldsymbol{A}x+\boldsymbol{B}u\\ y=\boldsymbol{C}x\end{cases} \tag{3-13}$$

其中，

$$x=(V_{1,\mathrm{d}},V_{1,\mathrm{q}},I_{1,\mathrm{d}},I_{1,\mathrm{q}},I_{\mathrm{L1,d}},I_{\mathrm{L1,q}},I_{\mathrm{t1,d}},I_{\mathrm{t1,q}},V_{2,\mathrm{d}},V_{2,\mathrm{q}},I_{2,\mathrm{d}},I_{2,\mathrm{q}},\\ I_{\mathrm{L2,d}},I_{\mathrm{L2,q}},I_{\mathrm{t2,d}},I_{\mathrm{t2,q}},V_{3,\mathrm{d}},V_{3,\mathrm{q}},I_{3,\mathrm{d}},I_{3,\mathrm{q}},I_{\mathrm{L3,d}},I_{\mathrm{L3,q}})^T$$

$$u=(V_{\mathrm{t1,d}},V_{\mathrm{t1,q}},V_{\mathrm{t2,d}},V_{\mathrm{t2,q}},V_{\mathrm{t3,d}},V_{\mathrm{t3,q}})^T$$

$$y=(V_{1,\mathrm{d}},V_{1,\mathrm{q}},V_{2,\mathrm{d}},V_{2,\mathrm{q}},V_{3,\mathrm{d}},V_{3,\mathrm{q}})^T$$

$\boldsymbol{A}\subset\boldsymbol{R}^{22\times22}$、$\boldsymbol{B}\subset\boldsymbol{R}^{22\times6}$、$\boldsymbol{C}\subset\boldsymbol{R}^{6\times22}$

是状态矩阵。方程（3-13）定义的系统也可写成

$$\begin{aligned}\dot{x}&=\boldsymbol{A}x+\boldsymbol{B}_1u_1+\boldsymbol{B}_2u_2+\boldsymbol{B}_3u_3\\ y_1&=\boldsymbol{C}_1x\\ y_2&=\boldsymbol{C}_2x\\ y_3&=\boldsymbol{C}_3x\end{aligned} \tag{3-14}$$

其中，

$$y_i = (V_{d,i}, V_{q,i}), i = 1,2,3,\cdots$$

$$u_i = (V_{td,i}, V_{tq,i}), i = 1,2,3,\cdots$$

以及分散控制器

$$U_i(s) = C_i(s)E_i(s), i = 1,2,3,\cdots \tag{3-15}$$

方程（3-15）中，$E_i(s)$ 表示系统误差，$U_i(s)$ 表示输入，$C_i(s)$ 应选取适当的控制器传递函数 $i=1, 2, 3, \cdots$，该模型（或建模方法）可以对各种微电网结构进行建模，用来设计和验证集中式或分散式的控制策略。

3.6 储能系统模型

储能系统（ESS）的并网逆变器配置模型如图 3-11 所示。储能系统是由锂离子电池（或其他储能装置）供电的直流回路加上并网逆变器组成。通常地，电池会连接一个 DC/DC 变流器，以确保直流回路的电压恒定，这里为了简单起见，图中未显示该 DC/DC 变流器。电池模型取自 Simulink/SimPowerSystems，参数根据规定值设置。逆变器通过一个电感线圈和变压器连接到电网。关于图 3-12

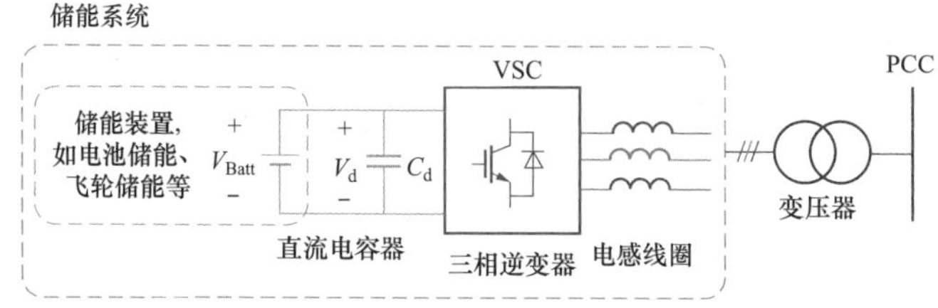

图 3-11　储能系统的并网逆变器配置

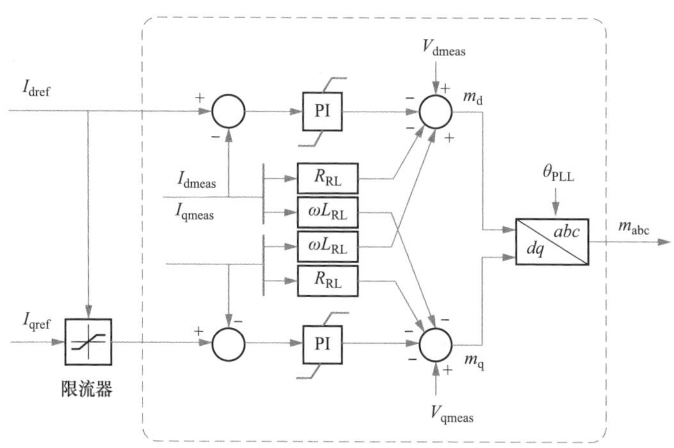

图 3-12　储能系统（作为电流源运行）的并网逆变器控制回路

所示的电流源型逆变器（VSI），并网逆变器的 i_{dref} 电流基准（对应有功功率输入）与主控制回路设定点相关。i_{qref} 电流基准（对应无功功率输入）与主控制器相关，主控制器的限值由变流器额定值给定，优先考虑有功功率。图 3-13 所示的电压源型逆变器，就像 UPS 电源的运行一样，并网逆变器的 i_{dref} 电流基准用以维持基准电压。虚拟锁相环 PLL 用于设置系统频率。需要注意的是，图中没有包括电池的荷电状态管理控制回路。微电网控制器将包含此功能。

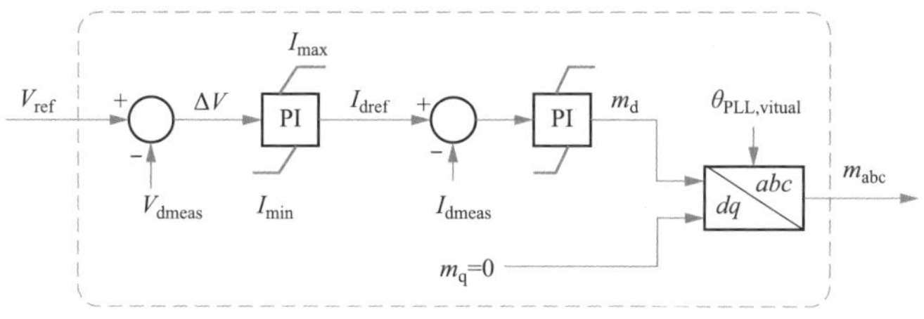

图 3-13　储能系统（作为电压源运行）的并网逆变器控制回路

3.7　电子耦合分布式电源（EC-DER）模型

电子耦合分布式能源（EC-DER）的模型如图 3-14 所示。它是由一个可控电流源供电的直流回路加上一个并网逆变器组成，该电流源能够模拟太阳能或风能

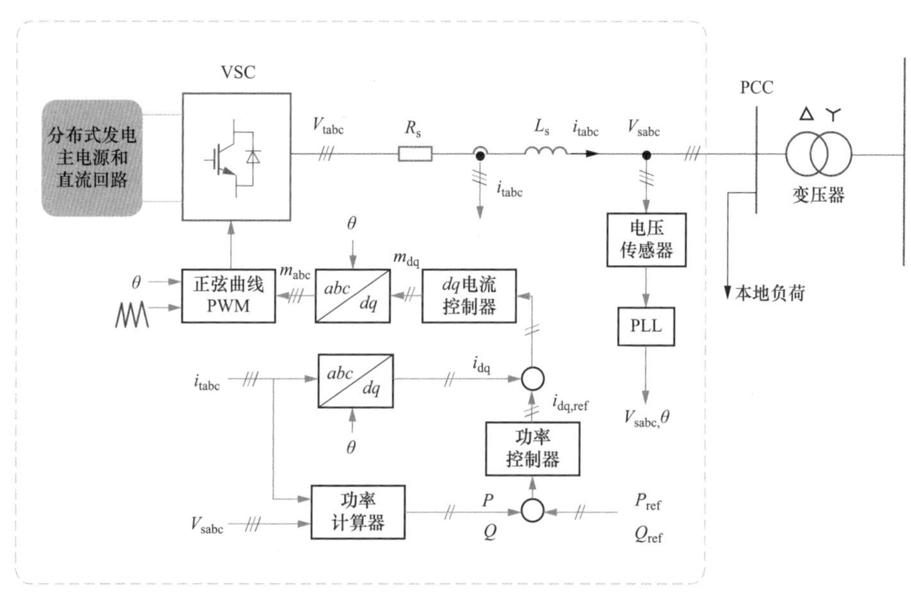

图 3-14　可再生分布式电源的并网逆变器配置

等可再生分布式发电（DG）的 MPPT 曲线（如图 3-15 所示），通过补充功能调度电源。可调度的 DER 为频率调节（增量或平衡控制）和电阻配电馈线中的电压调节建立了储备。逆变器通过电感线圈和变压器连接到电网。并网逆变器的 i_{dref} 电流基准用以维持直流回路的电压。i_{qref} 电流基准与主控制器相关，主控制器的限值由变流器额定值定义，优先考虑有功功率。分布式电源的电流控制器如图 3-16 所示。

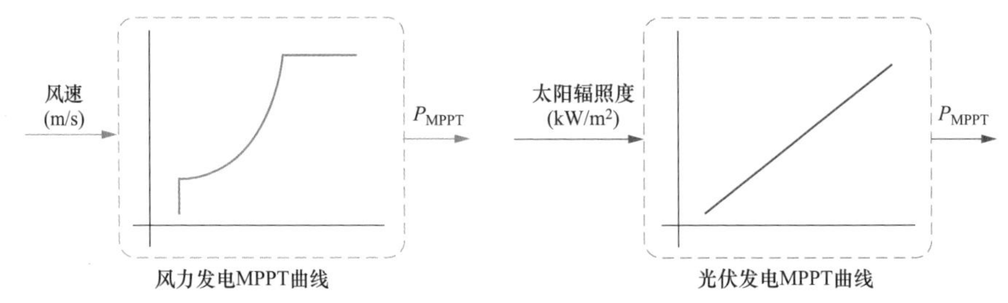

图 3-15　用于模拟风力或光伏分布式发电的对照图

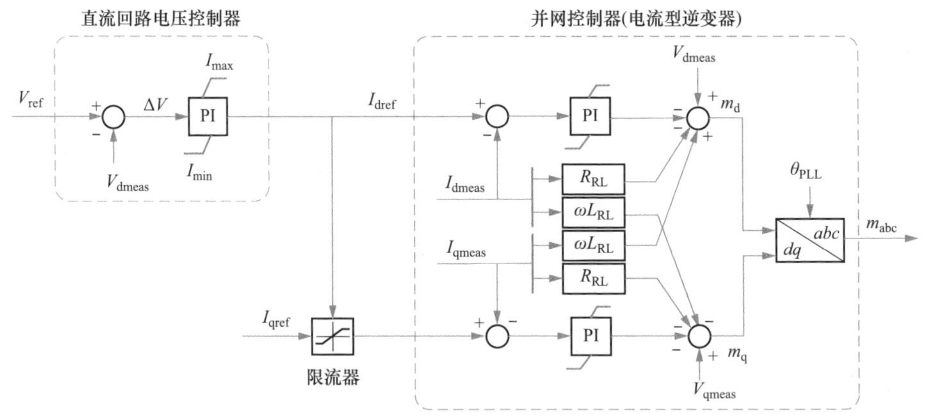

图 3-16　可再生分布式电源的并网逆变器控制回路

3.8　同步发电机模型

基于旋转电机的发电机模型用一个由柴油发电机供电的同步电机表示。柴油发电机的模型如图 3-17 所示。同步电机通过变压器与电网相连。机械功率 P_m 与功率基准 P_{ref} 和速度基准 ω_{ref} 相关。同步发电机系统还配备了直流励磁系统，该系统根据无功功率模式和设定点控制发电机励磁电压 V_f。热电联产电厂（CHP）也可以用该模型建模，其中 P_m 指热电联产电厂产生的机械功率。

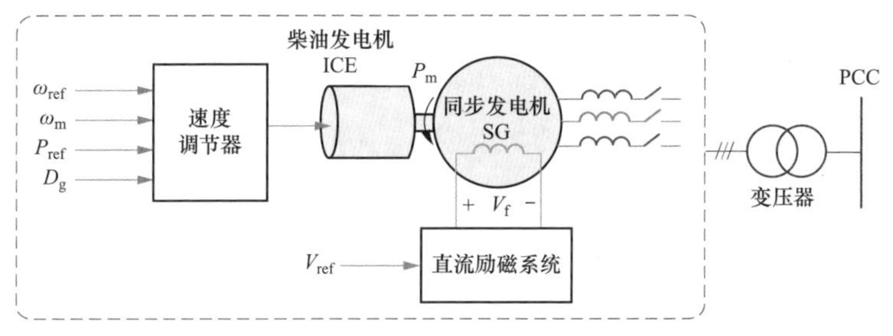

图 3-17　柴油发电同步发电机系统典型模型

3.9　低压电网模型

本节介绍了用于低压住宅电网建模和仿真的序贯蒙特卡罗（SMC）仿真平台。该平台的目标是在较长时间段内（如 24 小时）模拟准稳态电网情况。它主要由两个部分组成，第一部分是具有潮流、谐波和电机起动研究能力的多相网络模型；第二部分是负荷/发电行为模型，该模型根据分时电价概率曲线建立各种不同的负荷和发电机的运行特性。这两个组件通过序贯蒙特卡罗法模拟组合在一起。

由于模拟的时间段较长，因此需解决一些问题，例如用电设备何时打开、设备将运行多长时间、不同快照的典型太阳辐照度水平等。因此，该建模方法旨在提供模拟各种分布式管理系统（DMS）算法所需的以下功能：

（1）延长的仿真周期；

（2）模拟负荷和发电机的随机行为；

（3）每秒至少提供一个快照的高分辨率输出；

（4）多相网络建模；

（5）谐波建模和电机启动建模。

为提供上述功能，仿真平台分为两部分建模：①电气模型；②行为模型。一旦模型就位，将执行序贯蒙特卡罗仿真，以确定函数 $F(X_{0:t})$ 的值，其中 $X_{0:t}$ 表示 0 : t 的系统状态。系统状态用方程式（3-16）表示。

$$E(F) = \sum_{i=0}^{t} F(X_i)p(X_i) \tag{3-16}$$

采用此建模方法时，序贯蒙特卡罗仿真法用于确定设备在给定瞬间（或快照）的运行状态是打开还是关闭。而设备的当前状态是打开还是关闭取决于它之前的状态。

一旦创建了这样的负荷行为文件，将它与网络的电气模型相结合，即组成了

该电网的一个实例。然后，对该实例按顺序进行一秒接一秒的多相潮流、谐波潮流和电机起动研究。这将在该实例的模拟期间产生网络响应。在现实情况中，负荷实例有很多。因此，针对各种随机生成的实例，将进行多次仿真计算。然后对结果进行统计分析，以获得统计上有效的性能指标。

3.10　分布式松弛模型

本节介绍基于序列帧的分布式松弛母线（DSB）模型，用于由电子耦合分布式电源组成的孤岛型微电网的潮流分析。与并网型微电网不同，潮流分析将系统松弛分布在多个电源之间，因为分布式电源的参考母线的功率容量有限。

DSB 模型的应用主要是针对孤岛型微电网进行快速潮流分析，以实现实时能量管理，并防止两次连续优化潮流运行之间的分布式电源容量越限。DSB 公式包含在序列帧潮流求解器（SFPS）中。

该公式具有以下特点：

（1）它同时分配有功和无功松弛；

（2）分布式电源装置采用不同控制策略，以补偿总松弛；

（3）确保潮流方案符合分布式电源的运行限制。

研究发现，该方法通过降低有功功率损耗对孤岛型微电网的运行产生了积极影响，从而提高了整个系统的效率。

由于功率不平衡（定义为负序功率分量加上零序功率分量与正序功率分量之比）与网络中的电压和电流不平衡相比非常小，合理的假设是，整个系统的三相功率松弛约为其正序功率的三倍。因此，DSB 模型是基于正序潮流定义的，并与 SFPS 的正序潮流方程相结合，其中大部分系统松弛与之相关。

建模方法首先确定将参与补偿系统松弛的分布式电源。然后将其分为能够补偿有功功率松弛的电源和能够补偿无功功率松弛的电源。

每个电源都有一个与其相关联的参与系数，该系数定义为松弛贡献与总系统松弛的比率。式（3-17）和式（3-18）显示了有功和无功松弛补偿参与系数的约束条件。

$$\sum_{i=1}^{m} K_{\mathrm{p}}^{i} + \sum_{i=m+1}^{N} K_{\mathrm{p}}^{i} = 1 \tag{3-17}$$

$$K_{\mathrm{q}}^{PV} + \sum_{i=m+1}^{N} K_{\mathrm{q}}^{i} = 1 \tag{3-18}$$

然后，DSB 公式对以下功率平衡方程进行建模：

有功功率平衡方程

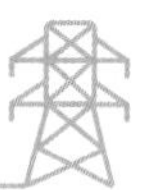

$$F_{p1}^{i} = P_{DER-i}^{i} + K_{p}^{i} P_{slack}^{1} + P_{i,comp}^{1} - P_{1load}^{i} - |V_{i}^{1}| \times \sum_{k=1}^{N} |V_{k}^{1}| |y_{BUS-ik}^{1}| \cos(\theta_{i}^{1} - \theta_{k}^{1} - \theta_{Y_{ill}}^{1}) = 0$$

$$i = 1,2,\cdots,m,m+1,\cdots,N \tag{3-19}$$

无功功率平衡方程

$$F_{q1}^{i} = Q_{DER-i}^{i} + K_{q}^{i} Q_{slack}^{1} + Q_{i,comp}^{1} - Q_{1load}^{i} - |V_{i}^{1}| \times \sum_{k=1}^{N} |V_{k}^{1}| |y_{BUS-ik}^{1}| \sin(\theta_{i}^{1} - \theta_{k}^{1} - \theta_{Y_{ill}}^{1}) = 0 \tag{3-20}$$

$$i = m+1,\cdots,N$$

超级 PQ 母线方程

$$F_{Qslack}^{i} = \sum_{i=1}^{N} Q_{1load}^{i} + \sum_{i=1}^{m} Q_{i,comp}^{1} + K_{q}^{PV} Q_{slack}^{1} - \sum_{i=m+1}^{N} Q_{DER-i}^{1} - \sum_{i=1}^{m} |V_{i}^{1}| \sum_{k=1}^{N} |V_{k}^{1}| |y_{BUS-ik}^{1}| \sin(\theta_{i}^{1} - \theta_{k}^{1} - \theta_{Y_{ill}}^{1}) = 0 \tag{3-21}$$

式（3-19）～式(3-21）构成了增强型正序潮流方程以及 DSB 模型。该方程组采用牛顿-拉斐逊（N-R）法迭代求解。然而，为了获得可行的潮流解，不得违反分布式电源运行约束。因此，在每次 SFPS 迭代之后，必须施加分布式电源的有功功率和无功功率限制。

3.11 VVO/CVR 建模

本节解释了电压无功优化控制（VVO）中涉及的建模，该控制基于预定的聚合馈线负荷曲线优化配电网的电压和无功功率（VAR）。

电压无功优化/保护电压降低（VVO/CVR）引擎作为 VVO/CVR 技术中的重要信息设备（IA），负责优化馈线的电压、有功功率和无功功率。因此，电压无功优化引擎（VVOE）的目标是使配电网的实时总损耗最小。式（3-22）～式(3-23）表示 VVO/CVR 发动机的目标函数。式（3-24）～式(3-28）给出了基于潮流方程的有功功率和无功功率损耗的计算方法。

$$\min\{S_{f,t}^{n}\} = \min\{(P_{loss,total}^{2} + Q_{loss,total}^{2})^{1/2}\} \tag{3-22}$$

$$P_{loss,total} = \sum_{t=1}^{T} \sum_{f=1}^{F} P_{loss,f,t} \tag{3-23}$$

$$Q_{loss,total} = \sum_{t=1}^{T} \sum_{f=1}^{F} P_{loss,f,t} \tag{3-24}$$

$$\sum_{f=1}^{F} P_{\mathrm{loss,f,t}} = \sum_{f=1}^{F} \left\{ \begin{array}{l} G_{\mathrm{f,t}} \left[\begin{array}{l} (\alpha_{\mathrm{ij,t}} V_{\mathrm{i,t}})^2 + (\alpha_{\mathrm{ji,t}} V_{\mathrm{j,t}})^2 - \\ 2\alpha_{\mathrm{ij,t}} V_{\mathrm{i,t}} \alpha_{\mathrm{ji,t}} V_{\mathrm{j,t}} \cos\theta_{\mathrm{ij,t}} \end{array} \right] \\ + G_{\mathrm{ij,t}}^{0} (\alpha_{\mathrm{ij,t}} V_{\mathrm{i,t}})^2 + G_{\mathrm{ji,t}}^{0} (\alpha_{\mathrm{ji,t}} V_{\mathrm{i,t}})^2 \end{array} \right\} \tag{3-25}$$

其中，$f=i-j$

$$\sum_{f=1}^{F} Q_{\mathrm{loss,f,t}} = \sum_{f=1}^{F} \left\{ \begin{array}{l} -B_{\mathrm{f,t}} \left[\begin{array}{l} (\alpha_{\mathrm{ij,t}} V_{\mathrm{i,t}})^2 + (\alpha_{\mathrm{ji,t}} V_{\mathrm{j,t}})^2 - \\ 2\alpha_{\mathrm{ij,t}} V_{\mathrm{i,t}} \alpha_{\mathrm{ji,t}} V_{\mathrm{j,t}} \cos\theta_{\mathrm{ij,t}} \end{array} \right] \\ + B_{\mathrm{ij,t}}^{0} (\alpha_{\mathrm{ij,t}} V_{\mathrm{i,t}})^2 + B_{\mathrm{ji,t}}^{0} (\alpha_{\mathrm{ji,t}} V_{\mathrm{i,t}})^2 \end{array} \right\} \tag{3-26}$$

$$Y_{\mathrm{f,t}} = G_{\mathrm{f,t}} + jB_{\mathrm{f,t}} \tag{3-27}$$

$$g_{\mathrm{ij,t}} + jb_{\mathrm{ij,t}} = \begin{cases} \sum_{j \in J} \alpha_{\mathrm{ij,t}}^{2} (Y_{\mathrm{ij,t}} + Y_{\mathrm{ij,t}}^{0}), i = j \\ -\alpha_{\mathrm{ij,t}} \alpha_{\mathrm{ji,t}} Y_{\mathrm{ij,t}}, i \neq j \end{cases} \tag{3-28}$$

另一方面，计算集成 VVO/CVR 实时情况所需的约束条件如下：

(1) 母线电压幅值约束。

$$V_{\mathrm{i,t}}^{\min} \leqslant V_{\mathrm{i,t}} \leqslant V_{\mathrm{i,t}}^{\max} \xrightarrow{\text{ANSI}} 0.95\text{p. u.} \leqslant V_{\mathrm{ir,t}} \leqslant 1.05\text{p. u.}$$

(2) 有功功率输出约束。

$$P_{\mathrm{i,t}}^{\min} \leqslant P_{\mathrm{i,t}} \leqslant P_{\mathrm{i,t}}^{\max}$$

(3) 无功功率输出约束。

$$Q_{\mathrm{i,t}}^{\min} \leqslant Q_{\mathrm{i,t}} \leqslant Q_{\mathrm{i,t}}^{\max}$$

(4) 有功功率平衡约束。

$$P_{\mathrm{i,t}} = P_{\mathrm{Gi,t}} - P_{\mathrm{Li,t}} = \sum_{j}^{J} V_{\mathrm{i,t}} V_{\mathrm{j,t}} (g_{\mathrm{ij,t}} \cos\theta_{\mathrm{ij,t}} + b_{\mathrm{ij,t}} \sin\theta_{\mathrm{ij,t}})$$

其中，$j \in J = (i = \sigma_{\mathrm{i}})$。

(5) 无功功率平衡约束。

$$Q_{\mathrm{i,t}} = Q_{\mathrm{Gi,t}} - Q_{\mathrm{Li,t}} = \sum_{j}^{J} V_{\mathrm{i,t}} V_{\mathrm{j,t}} (g_{\mathrm{ij,t}} \sin\theta_{\mathrm{ij,t}} - b_{\mathrm{ij,t}} \cos\theta_{\mathrm{ij,t}})$$

(6) DG 有功功率约束。

$$P_{\mathrm{DGi,t}}^{\min} \leqslant P_{\mathrm{DGi,t}} \leqslant P_{\mathrm{DGi,t}}^{\max}$$

(7) DG 无功功率约束。

$$Q_{\mathrm{DGi,t}}^{\min} \leqslant Q_{\mathrm{DGi,t}} \leqslant Q_{\mathrm{DGi,t}}^{\max}$$

(8) 系统功率因数（PF）约束。

$$PF_{\mathrm{DGi,t}}^{\min} \leqslant PF_{\mathrm{DGi,t}} \leqslant PF_{\mathrm{DGi,t}}^{\max}$$

(9) 馈线约束的功率（热）极限。

$$S_{\mathrm{f,t}} \leqslant S_{\mathrm{f,t}}^{\max}$$

（10）变压器有载分接开关（OLTC）约束条件。

$$\gamma_{\mathrm{tr,t}} = 1 + \mathrm{tap}_{\mathrm{tr,t}} \frac{\Delta V_{\mathrm{tr,t}}}{100} = \text{OLTC 匝数比}$$

其中，$\mathrm{tap}_{\mathrm{tr,t}} \in \{-\mathrm{tap}_{\mathrm{tr,t}}^{\max}, \cdots, -1, 0, 1, \cdots, \mathrm{tap}_{\mathrm{tr,t}}^{\max}\}$ 和 $\Delta V_{\nu\mathrm{r,t}} = 3125\%$

$$\sum_{t=1}^{T} N_{\mathrm{tr,t}} \leqslant N_{\mathrm{maxtr,t}}$$

（11）电压调节器（VR）约束。

$$\gamma_{\nu\mathrm{r,t}} = 1 + \mathrm{tap}_{\nu\mathrm{r,t}} \frac{\Delta V_{\nu\mathrm{r,t}}}{100} = \text{VR 匝数比}$$

其中 $\mathrm{tap}_{\nu\mathrm{r,t}} \in \{-\mathrm{tap}_{\nu\mathrm{r,t}}^{\max}, \cdots, -1, 0, 1, \cdots, \mathrm{tap}_{\nu\mathrm{r,t}}^{\max}\}$ 和 $\Delta V_{\nu\mathrm{r,t}} = 0.625\%$

$$\sum_{t=1}^{T} N_{\nu\mathrm{r,t}} \leqslant N_{\mathrm{max}\nu\mathrm{r,t}}$$

（12）线路断路器约束。

$$Q_{\mathrm{c,t}}^{i} = \beta_{\mathrm{c,t}}^{i} \Delta q_{\mathrm{c,t}}^{i}, \beta_{\mathrm{c,t}}^{i} = \{0, 1, 2, \cdots, \beta_{\mathrm{c,t}}^{\max}\}$$

（13）网络中的线路断路器最大补偿。

$$\sum_{i=1}^{I} Q_{\mathrm{c,t}}^{i} \leqslant \sum_{i=1}^{I} Q_{\mathrm{L,t}}^{i}$$

添加上述约束是为了满足无功功率需求，以便 CBs 提供的总无功功率不超过系统所需的无功功率。因此，VVOE 从信息设备 IA 接收其所需的实时数据（电压、电流、有功功率和无功功率）。从优化算法中，找到集成 VVO/CVR 的实时最优可行解（满足上述目标和约束）。

因此，VVOE 确定了有载分接开关（OLTC）和电压调节器 VRs 的分接步骤。此外，VVOE 还指定了无功注入点及其数量。

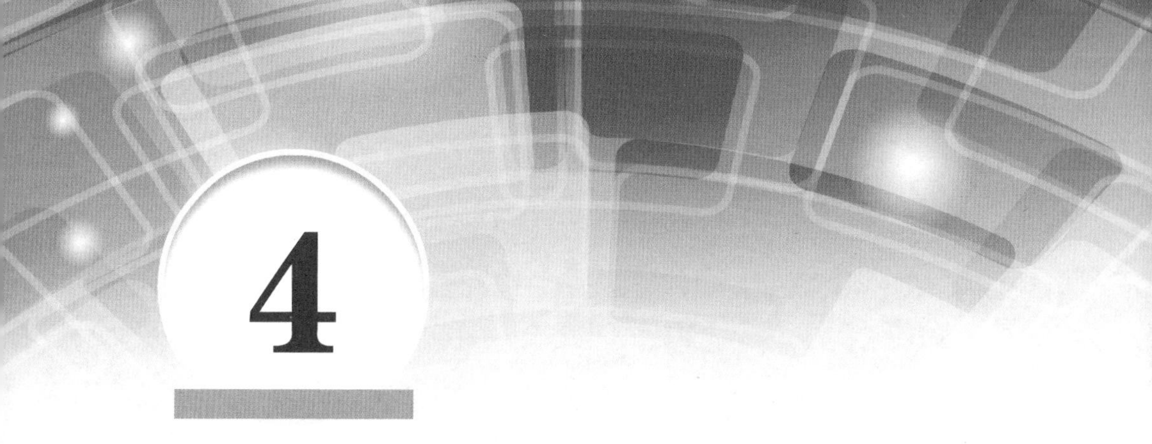

使用推荐模型进行分析和研究

本章介绍了在微电网上进行各种研究所需的建模细节，还介绍了建模细节的分析和评估方法。表 4-1 给出了通常针对微电网进行的所有类型研究所需的模型。

表 4-1　各种研究所需的模型

研究类型	分布式电源				负荷		控制器				电力电子变换器
	PV	增强控制(EC)	能量储存系统(ESS)	同步发电机(SG)	受控负载 C	非受控负载(U/C)	电压和无功功率控制(V-Q)	电压和有功功率控制(V-P)	有功功率和频率控制(P-f)	有功功率和无功功率控制(P-Q)	平均值(A)-开关功能(SF)-详细值(D)
能量管理	×	×	×	×	×	×	×	×	×	×	A
电压控制		×			×	×	×	×			A
频率控制	×	×	×	×	×	×	×		×		A
暂态稳定性		×				×	×		×	×	A
保护协调和选择性		×		×	×	×	×				A
经济可行性	×	×				×	×				A
V2G 影响	×	×			×		×				A
微网 DER 定容	×	×	×	×	×	×	×	×	×	×	A
辅助服务	×	×	×	×	×	×	×	×	×	×	A
电能质量研究	×	×	×	×	×	×	×	×	×	×	SF/D

4.1　能源管理研究

能源管理研究旨在测试各种能源管理系统（EMS）运行模式。由于 EMS 必

须与电力系统（EPS）通信，并管理微电网以实现各种目标，同时遵守公用事业政策和法规，因此需要表4-1所示的微电网所有分布式能源（DER）和负载的功能模型。此外，由于EMS在所有微电网运行模式（孤岛、并网和互调度运行）下运行，所有控制回路也应运行，以真正验证EMS性能。然而，时间尺度小于EMS调度的现象对于能源管理研究可能并不重要。

4.2 电压控制研究

进行电压控制研究需要在并网和孤岛运行模式下测试微电网电压控制回路（电压-无功控制）。这要求在控制公共耦合点（PCC）处的电压时，对可控制负荷和电子耦合分布式能源（EC-DERs）及其并网情况下的 *V-Q* 控制回路进行建模，并在控制时对孤岛情况下的V-P控制回路进行建模。所需的负荷必须在有可控性和无可控性的情况下建模，以研究其对系统的实际影响。

4.3 频率控制研究

频率控制研究用于评估微电网中各种一次电源的频率控制回路或曲线的性能。包括在并网和孤岛模式下，使用稳态和瞬态控制（包括必要时的紧急减载）维持微电网的功率平衡。控制决定所有DER的运行模式，并指定一个（或几个）主要电源负责维持孤岛和并网模式的电网频率。为此，他们需要所有DER、负荷、*V-Q* 控制和 *P-f* 控制的详细模型。

4.4 暂态稳定性研究

微电网暂态稳定性研究着眼于微电网在大扰动后恢复稳定运行模式。重点研究DER对网络中大干扰的响应，包括添加新的DER单元、网络拓扑的变化、负荷动态的变化以及DER下垂增益的增加。

4.5 保护协调和选择性研究

保护协调和选择性研究涉及配置保护装置协调的研究，以快速检测、隔离并消除可能的电网故障。因此，必须根据故障的性质对微电网保护协调和选择性控制器进行测试，以确保设备协调、正确的故障电流设置（继电器失敏），并避免

由于增加分布式发电而导致的继电器的误动作。

4.6 经济可行性研究

在微电网模型上进行经济可行性研究，以评估经济效益和成本效益。研究可能涵盖微电网的技术和经济方面，并作为将现有网络改造和扩展为微电网以及构建新微电网的先决条件。当实施特定的微电网技术（如 EMS）时，他们可能还需要说明在微电网运行方面的改进措施。

4.6.1 效益识别

传统上，资本支出投资经济分析的目标是预测通过资本预算技术实现的总收入/收益，以确定投资的盈利能力。然而，对于微电网投资，并非所有成本和收益都由投资实体承担。这些利益可能会影响电力系统内的利益相关者，如公用事业公司、微电网用户、决策者和社会，而这些利益相关者可能不一定是投资参与者。因此，需要仔细确定微电网实施的成本和收益，以证明对微电网技术的投资是合理的。一旦确定了成本和收益，它们就可以与其相应的利益相关者相关联。本项目考虑了以下效益：降低能源成本、提高可靠性、延缓投资、最小化电力波动（可靠能源）、提高效率和减少排放。

微电网可以带来各种经济、社会和技术效益。然而，其中的部分利益是难以进行量化的：它们要么难以定义，或在不同区域定义不尽相同，以下小节概述了使用的量化指标和方法。

4.6.2 降低能源成本

微电网用户和所有者可以直接获得与能量交换相关的地方效益和选择性效益。地方效益是指微电网能够绕过上级电网，直接向用户出售电力，在微电网所有者获得更高收入的同时，用户也减少了能源成本的投入。选择性效益是市场波动以及分布式发电（DG）机组和可控负荷灵活性共同作用的结果。在本项目中不考虑选择性效益，因为大多数公用事业公司没有形成基于时间或市场波动的能源价格。假设某公用事业公司有净计量政策，其中微电网所有者向电网提供的多余发电量以 9.9 美分的统一费率计入未来购买的费用。如式（4-1）所示，在估算能源成本时，使用了净计量政策和公用事业公司的电价。该公用事业公司对一个月内消耗的第一批 14800kWh 电力收取统一费率，并对额外消耗收取 5.19 美分。

能源成本 C 如式（4-1）所示。

$$C = C_{\text{unit}} \sum_{t=1}^{y} P(t)dt \tag{4-1}$$

式中，$P(t)dt$ 为 t 时刻的功率消耗，C_{unit} 为单位能量成本，在本工作中，可将其转化为式（4-2）和式（4-3），其中系数和效率结构有关。

$$C = 0.016\sum_{t=1}^{y} P(t)dt + 0.0519u\sum_{t=1}^{y} P(t)dt + 0.0990\left(\sum_{t=1}^{y} P(t)dt - E_{\text{base}}\right) \tag{4-2}$$

$$\begin{cases} u = 0, \text{当} \sum_{t=1}^{y} P(t)dt \leqslant 14800 \\ u = 1, \text{当} \sum_{t=1}^{y} P(t)dt \leqslant 14800 \end{cases} \tag{4-3}$$

4.6.3 改善可靠性

微电网可以提高当地电网的可靠性，因为当微电网与主网断开连接时，微电网能够以孤岛模式运行。在发生故障开断的情况下，微电网内的服务由微电网中可用的本地资源维持。包括额外的 DER 装置或储能系统（ESS）的调度，以及削减非临界负荷，以确保有足够的电力供应更多的临界负荷。可靠性通常通过系统平均中断频率指数（*SAIFI*）和系统平均中断持续时间指数（*SAIDI*）来衡量：*SAIFI* 测量客户经历的平均中断次数，而 *SAIDI* 测量平均持续时间；它们由等式（4-4）和式（4-5）定义：

$$SAIDI = \frac{\sum_{i} N_{i}}{N_{T}} = \frac{\sum_{k} \lambda_{k} N_{k}}{N_{T}} \tag{4-4}$$

$$SAIFI = \frac{\sum_{i} r_{i} N_{i}}{N_{T}} = \frac{\sum_{k} U_{k} N_{k}}{N_{T}} \tag{4-5}$$

式中，N_{i} 为受中断 i 影响的客户数量；N_{T} 为客户总数；N_{k} 为负载点 k 的客户数量；r_{i} 为中断 i 的持续时间。若将微电网视为单一负荷点，*SAIFI* 和 *SAIDI* 则可简化为 $\lambda_{\mu G}$ 和 $U_{\mu G}$。除这些指数外，预期未交付能量（*NDE*）可以简单地表示为

$$NDE = U_{k} \times P_{k} \tag{4-6}$$

式中，P_{k} 为负荷点的平均或预期需求。如果 DER 装置可能在任何时候都没有足够的能力满足负荷（由于负荷或资源变化，或由于计划内或计划外设备停机），则必须考虑其充分性概率（PoA）。然而，在这项工作中，PoA 取决于 ESS 的期望荷电状态（SoC）。因此，时间 t 处的 SoC 离期望 SoC 越远，在发生碰撞时维

持服务的可能性越小。

4.6.4 延缓投资

分布式网络运营商或公用事业公司是递延投资和升级成本的主要受益者。基础设施投资延期与降低峰值负荷相关，因为峰值负荷的增长可能由于基础设施升级以及设备老化。与未来某个时期不同的设备升级可能会为网络运营商带来节约。在此，可通过将未来投资的净现值（NPV）或年化值与递延未来的净现值 C_{inv} 或年化值进行比较来确定投资递延，如式（4-7）和式（4-8）所示。

$$D = NPV_{\text{base}} - NPV_{\mu\text{G}} \tag{4-7}$$

$$NPV = \frac{C_{\text{inv}}}{(1+r)^{y}} \tag{4-8}$$

如果用户为每月峰值用电量付费，峰值用电量的减少能让配电网运营商（DNO）实现延缓投资。

4.6.5 功率波动

电力波动 EMS 的实施有助于平滑间歇性资源引起的发电波动，并有助于电网的需求侧管理计划。假定电力公司通过购电协议以约定价格购买能源。可再生能源发电机的平均商定价格较高。如果分布式发电机未能将输出保持在预先商定的范围内，将受到处罚。提供固定电力的机会成本 F 用于评估波动成本，如式（4-9）所示。

$$F(t) = [P(t) - P_{\text{avg}}(t)]C_{\text{pen}} \tag{4-9}$$

其中，P_{avg} 为电力公司的电力输出。

4.6.6 改善效率

本地发电渠道也能改善电压分布和减少损耗。微电网中本地向负荷发电应能减少电网中的实际功率损耗，除非系统设计不当或过载。“微电网以外的损失”是指电力公司购买或生产的、不会出售的能源。“微电网内的损失”是指微电网所有人生产或购买的、不会被客户/微电网负荷使用或向上游出口的能源。在这两种情况下，上游损失的成本均按边际批发价计算，并应用于系统运营商，而内部微电网损失的成本则应用于独立发电商（IPP）或微电网所有者，并按能源成本计算。假设微电网客户也是业主，因此在本公式中，内部损失适用于业主。

4.6.7 减少排放

微电网可以基于可再生或低排放（如天然气）的能源减少某些污染物的排

放。然而，我们基本案例中的发电资源主要是水力发电，这使得微电网的减排量变得难以评估。由于微电网的负荷主要是电动汽车，社会避免了燃气发动机汽车消耗的等量汽油的排放。加拿大自然资源部（NRCAN）对2016款电动汽车的调查显示，电动汽车的平均行驶距离与汽油车在0.404L汽油上的平均行驶距离相同。因此，排放成本如式（4-10）所示，其中$C_{CO_2\,tax}$是每升汽油的CO_2税。

$$C_e = 0.404 C_{CO_2\,tax} \sum_{t=0}^{y} P(t)dt \tag{4-10}$$

4.7 V2G影响研究

车辆对电网（V2G）的影响研究也很重要，因为车辆提供的服务与其他DER一样没有明确定义。其使用的随机性以及其提供服务（特别是辅助服务）的非传统方式使得对V2G的影响需要深入研究，以确保微电网在并网和孤岛运行模式下的技术和经济可行性。

4.8 微电网DER定容研究

微电网的DER定容对实现微电网的目标非常重要。在满足公用事业标准和要求的同时，确定ESS的要求及其满足这些目标的时间表。

4.9 辅助服务研究

此类研究证明了提供辅助服务的经济和技术可行性。辅助服务可能与有功或无功功率相关，每个辅助服务都可以由分布式电源根据其容量和大小单独提供，或者由作为电网连接点的微电网提供。

4.10 电能质量研究

微电网的电能质量研究主要与电压闪变、电压降/升和谐波有关。这些现象主要是由负载的非线性特性、源荷的突变（如大型电机启动、电容器切换）、可再生能源的不稳定性以及电力电子变换器的开关特性引起的。这些问题的解决方案包括谐波滤波器、静止无功补偿器（SVC）和ESS。

4.11 仿真研究和工具

微电网研究需要各种工具来进行微电网发展不同阶段所需的案例研究。研究的时间尺度随研究类型的不同而显著不同。例如，投资规划或经济可行性需要能够提供几年内几乎准确的投资情况进行模拟研究，而电网规范合规性研究需要能够精确模拟数十微秒，以正确地模拟谐波。有各种工具可供用户建模和模拟电力系统。表 4-2 总结了各种类型研究的建模平台的要求和特点，表中还列出了一些进行此类研究的常用工具。

表 4-2　　研究所需的仿真工具类型

<table>
<tr><th>研究类型</th><th>研究的现象金融（F）、能源（En）、排放（Em）、技术（T）</th><th>使用的仿真类型</th><th>时间尺度</th></tr>
<tr><td>投资规划</td><td>F</td><td rowspan="4">基于蒙特卡洛法的电力潮流</td><td>年</td></tr>
<tr><td>微电网 DER 定容</td><td>En</td><td>年、月</td></tr>
<tr><td>经济调度</td><td>En、F、Em</td><td>年、月、日</td></tr>
<tr><td>能量管理</td><td>En、Em</td><td>日、小时</td></tr>
<tr><td>电压控制</td><td>T</td><td rowspan="3">动态电力系统分析正序相量型仿真</td><td rowspan="3">分钟、秒</td></tr>
<tr><td>频率控制</td><td>T</td></tr>
<tr><td>暂态稳定性</td><td>T</td></tr>
<tr><td>保护研究和调试</td><td>T</td><td rowspan="3">离线和在线电磁场暂态仿真</td><td rowspan="4">秒、微秒</td></tr>
<tr><td>电能质量</td><td>T</td></tr>
<tr><td>单元设计测试</td><td>T</td></tr>
<tr><td>预调试和符合性测试</td><td>T</td><td>在线电磁场暂态仿真</td></tr>
</table>

5

控制、监测与保护策略

微电网的控制包含不同的时间尺度。微电网与电网交互级别控制的时间尺度，比设备级控制大得多。不同控制功能之间的关系如图 5-1 所示。本章涵盖几种可用于微电网的监控与保护方案及策略，以满足微电网设计的要求和目标。根据标准 IEEE 2030.7 的定义，这些策略分为 1～3 级。具体分类如图 5-2 所示。

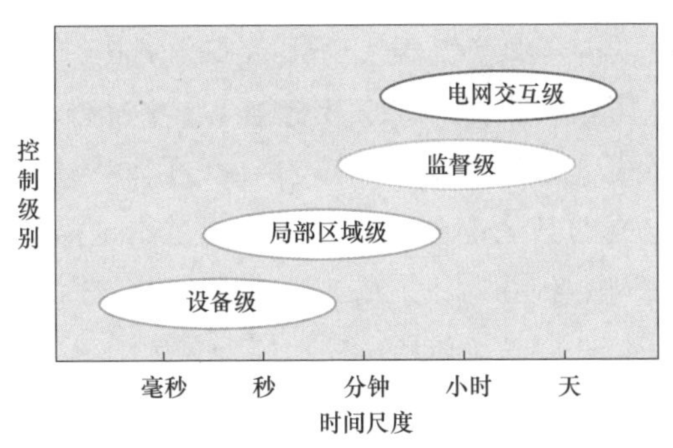

图 5-1　微电网控制功能时间尺度

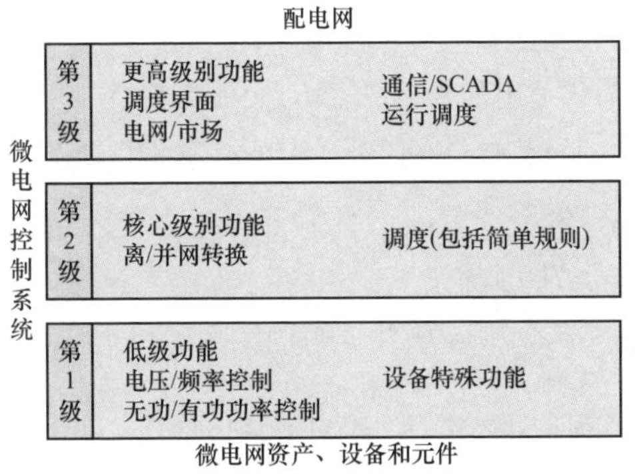

图 5-2　微电网控制系统功能框架与核心功能

5.1 增强的控制策略——第一级功能

本节描述了一种电子耦合分布式电源（Electronically Coupled Distributed Energy Resources，EC-DERs）的增强控制策略，可提高主微电网在配电网故障以及瞬态干扰下的性能。该控制策略不需要控制器进行模式切换，并使电子耦合分布式电源能够穿越配电网故障。增强控制策略具有以下特点：

（1）提高主微电网在配电网故障以及瞬态干扰下的性能。

（2）实施后，无论故障发生在微电网范围内还是上级配电网，主微电网可以穿越配电网故障，并能迅速恢复其故障前的运行状态。

（3）无论微电网在两种运行模式下的哪一种，控制策略使微电网能够在故障持续时间内保持其电能质量。无论对于特定类别故障的检测，还是敏感负荷，这都是一个合乎要求的属性。

图 5-3 给出了三相电子耦合分布式电源的示意图。电子耦合分布式电源包括：①一个直流电压源，是一个带有储能设备的有限初始电源，并与直流侧端子和直流母线电容器侧的电压源换流器（Voltage-Sourced Converter，VSC）并联；②一个电流控制的电压源换流器；③三相低通 LC 滤波器；④界面开关 SW，确保仅当电子耦合分布式电源单元的端电压与电网电压同相，电子耦合分布式电源单元可以连接到微电网的其余部分（此过程称为“本地需求响应（Demand Response，DR）同步”）。电路元件 L_s 和 C_s，分别表示 LC 滤波器的电感和电容，R_s 表示 L_s 的电阻损耗，同时嵌入了电压源换流器开关导通电阻的影响。电子耦合分布式电源与微电网的其余部分（包括互连变压器 T_r）交换的有功和无功功率分量分别用 P 和 Q 表示。下述子章节将阐述电子耦合分布式电源的主要控制模块。

5.1.1 电流控制方案

电流控制的作用是调节电压源换流器的交流侧电流 i_{tabc}，采用脉宽调制（pulse width modulation，PWM）策略。dq 坐标系下各分量的动态方程如下面公式所示：

$$\begin{cases} L_s \dfrac{di_{td}}{dt} = -R_s i_{td} + L_s \omega i_{tq} + m_d \left(\dfrac{\nu_{dc}}{2}\right) - \nu_{sd} \\ L_s \dfrac{di_{tq}}{dt} = -R_s i_{tq} + L_s \omega i_{td} + m_q \left(\dfrac{\nu_{dc}}{2}\right) - \nu_{sq} \end{cases} \tag{5-1}$$

其中，m_d 和 m_q 分别表示三相 PWM 调制信号 $m_{abc}(t)$ 的 d 轴分量和 q 轴分量。变量 ω 与角度 ρ 有关，有 $\omega = d\rho/dt$。

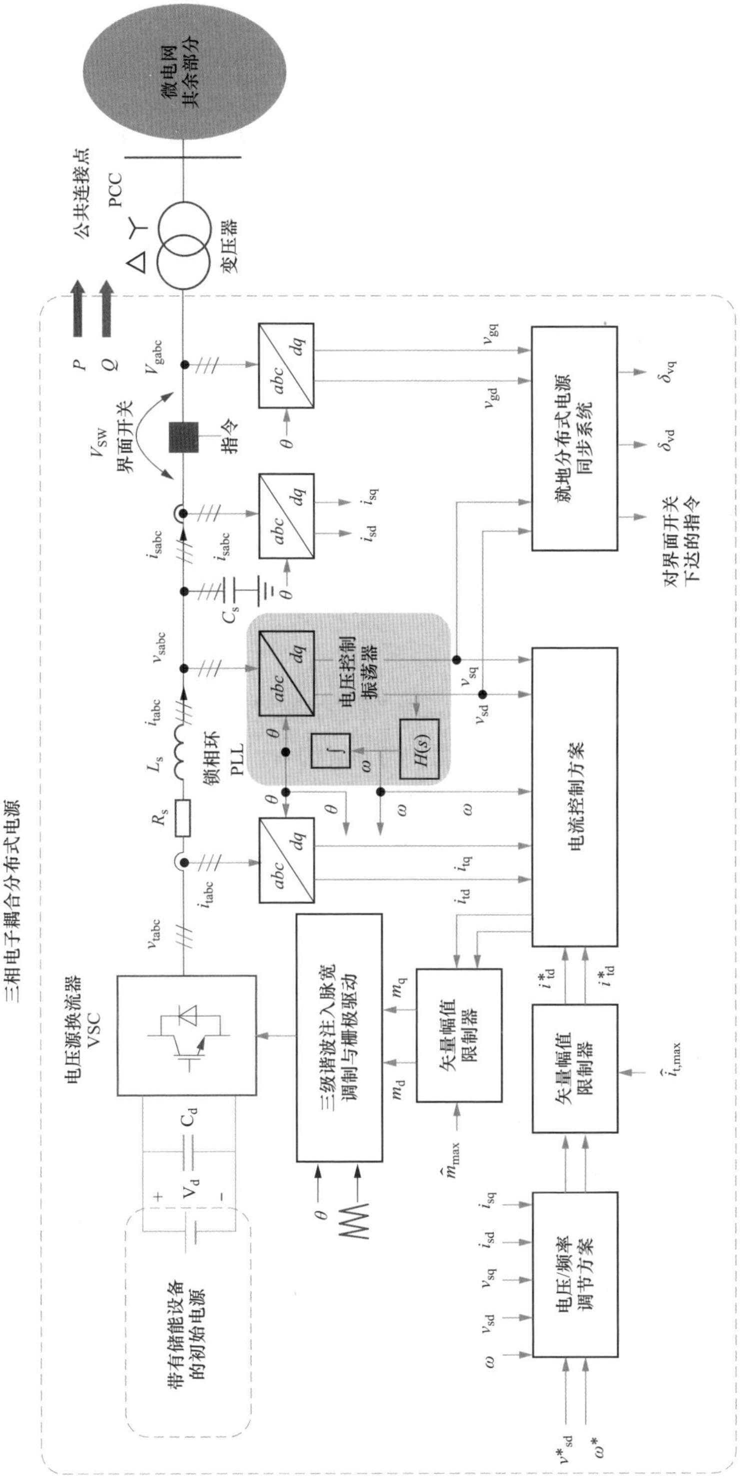

图 5-3 三相电子耦合分布式电源及其控制架构示意图

5.1.2 电压调节方案

电压幅值调节的目的是调节 ν_s，即 ν_{sabc}的幅值。调节 ν_s，在 dq 坐标系下需要有效调节 ν_{sd}，因为 $\nu_{sq}=0$。在单个单元的微电网中，可以给定一个与网络电压的标称幅度相等的值。在多个单元构成的系统中，ν_{sd}的参考值 ν_{sd}^*通常通过如下下垂特性获得：

$$\nu_{sd}^* = D_Q(Q^* - Q) + V_0$$

其中，Q^* 为电子耦合分布式电源并网运行模式下发出的无功功率的设定值；V_0 为电网标称电压幅值；Q 为电子耦合分布式电源发出的无功功率；常量 D_Q 为无功功率下垂系数。

ν_{sd}和 ν_{sq}满足如下动态方程：

$$\begin{cases} C_s \dfrac{d\nu_{sd}}{dt} = C_s\omega\nu_{sq} + i_{td} - i_{sd} \\ C_s \dfrac{d\nu_{sq}}{dt} = -C_s\omega\nu_{sd} + i_{tq} - i_{sq} \end{cases} \tag{5-2}$$

5.1.3 频率调节方案

频率调节的目的是调节 ω，即 ν_{sabc}的频率，到设定值 ω^*。在单个单元的微电网中，ω^* 可以设定为与电网标称频率相关的值，例如对于 60Hz 的电网 ω^* 可以设定为 377rad/s。在多个单元构成的系统中，ω^* 由如下下垂特性确定：

$$\omega^* = D_p(P^* - P) + \omega_0$$

其中，P^* 为并网运行模式下电子耦合分布式电源发出有功功率的设定值，并且象征着系统的标称频率；P 为电子耦合分布式电源发出的有功功率；常量 D_p 为下垂系数。

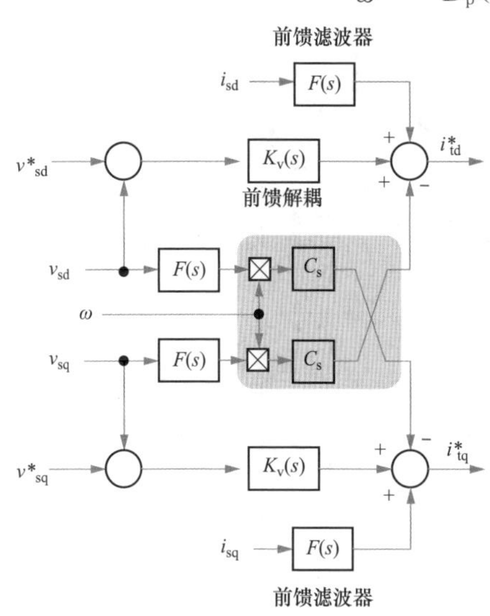

图 5-4 三相电子耦合分布式电源增强型电压调节方案

5.1.4 电网故障下的增强控制策略

三相电子耦合分布式增强型电压调节方案如图 5-4 所示。具有相角恢复功能的频率调节如图 5-5 所示，可以确保电子耦合分布式电源在电网故障和严重电压不平衡的情况下能够正常运行。带有外部电压控制和内部电流控制环的整体控制系统电路如图 5-6 所示。

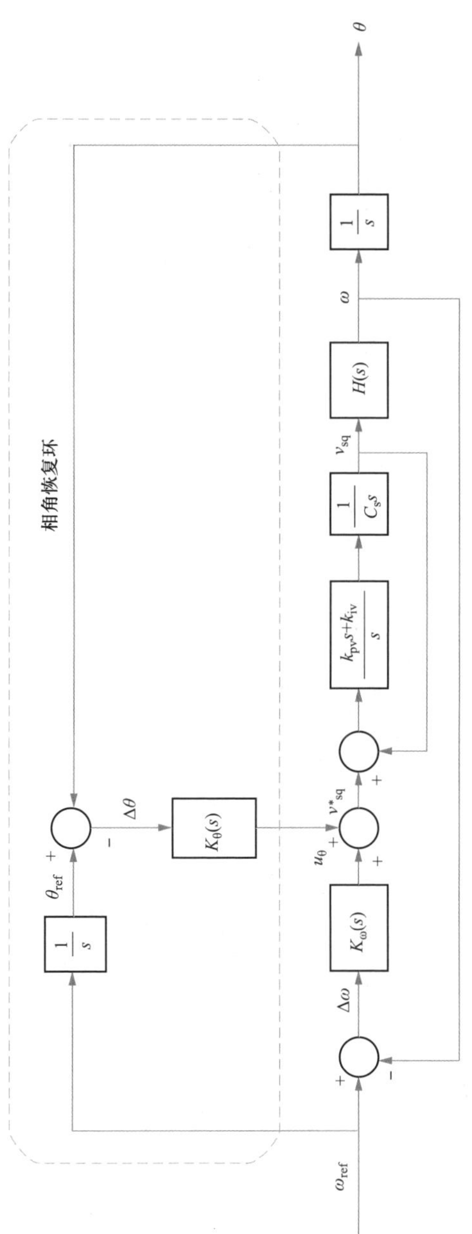

图 5-5　具有相角恢复功能的频率调节环

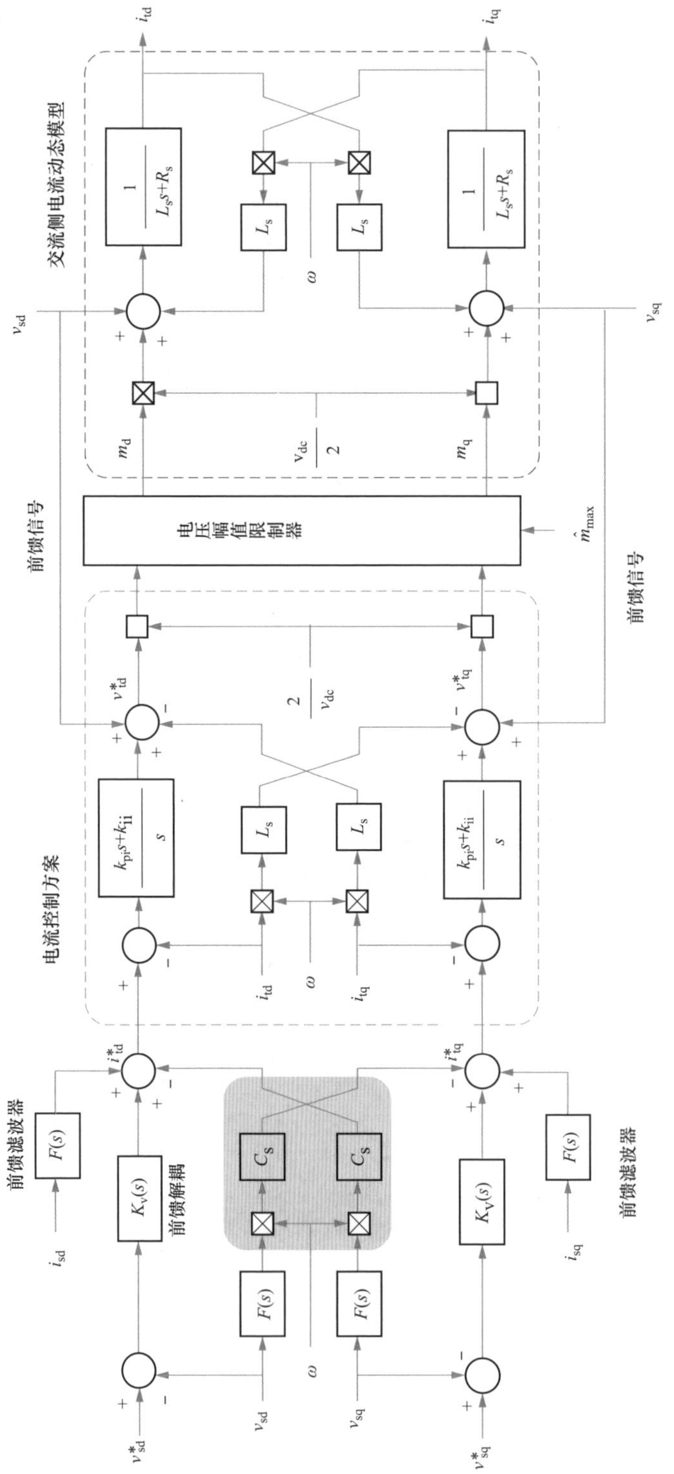

图 5-6　增强型电压幅值调节方案

5.2 解耦控制策略——第一级功能

本节介绍了一种能够提高下垂控制微电网的瞬态性能和稳定性的控制策略。动态依赖下垂控制的下垂增益、稳态潮流和电网/负荷的分布式电源（distributed energy resource，DER）单元，导致瞬态性能不佳甚至系统扰动下的电网不稳定。

一个增益调度的解耦控制策略可用于解耦这些依赖性，通过使用补充控制信号重塑传统的下垂特性；这些控制信号基于本地功率测量，并补充了每个分布式电源单元 d 轴和 q 轴电压参考值。控制对分布式能源和电网动态特性的影响，可通过计算控制作用下微电网的特征值进行研究。

总体控制策略如图 5-7 所示。解耦依赖关系的控制策略如图 5-8 所示。补充控制可用式（5-3）概述：

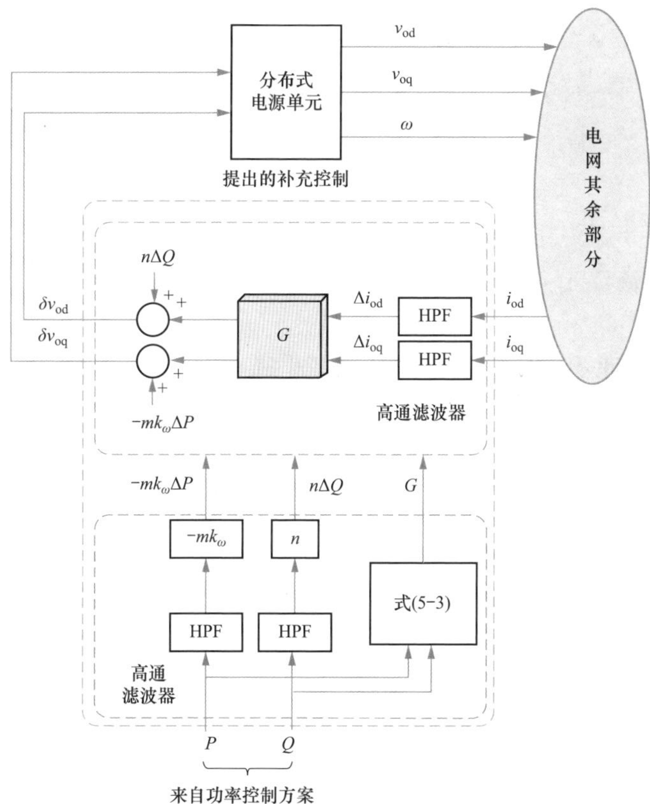

图 5-7 主分布式电源单元的解耦控制策略

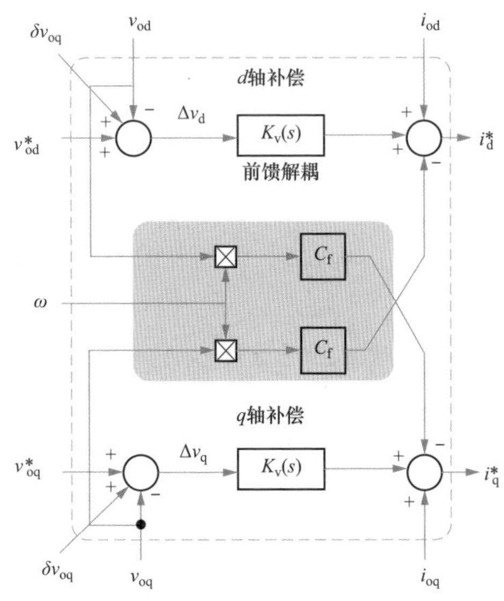

图 5-8　解耦依赖关系的控制策略框图

$$
\begin{bmatrix} \delta v_{td} \\ \delta v_{tq} \end{bmatrix} = G \begin{bmatrix} \Delta i_{td} \\ \Delta i_{tq} \end{bmatrix} + \begin{bmatrix} n\Delta Q \\ mD_P\Delta P \end{bmatrix}
$$
$$
G = \frac{3}{2}\frac{V_t^2}{P^2+Q^2}\begin{bmatrix} -Q & P \\ -P & -Q \end{bmatrix} \tag{5-3}
$$

其中，P 和 Q 由系统功率控制方案提供，m 和 n 分别为分布式电源单元有功和无功下垂增益；符号 Δ 为输出量中的小信号扰动；D_P 为用于频率调节的增益参数。

5.3　电子耦合分布式发电控制环——第一级功能

5.3.1　电压调节

对于具有低 X/R 比的配电网，无功和有功功率可以用来调节电压。使用无功功率，电压-无功控制可以与电压控制、功率因数控制和固定无功功率（Q）的下垂电压控制一起使用。其中，电压控制，通过分布式发电（Distributed Generation，DG）运行在同步模式下设定系统电压；功率因数控制，通过分布式发电运行在固定的功率因数下；固定 Q 的下垂电压控制，给分布式发电指定一个无功功率参考值 Q_{ref} 和下垂增益 D_Q 用于调节电压。通过使用电压-有功功能的有功功率削减也有可能缓解电压上升。使用电压-有功功能，当电压水平达到极限时采用压降来调节注入的有功功率，其下垂增益记作 D_{QI}。表 5-1 总结了电压调节的每个功率控制环。可再生分布式发电的无功功率和有功功率控制环如图 5-9、图 5-10 所示。

表 5-1　　电子耦合分布式发电的电压调节功率控制环描述

功率控制环	描述	参数
无功功率（电压-无功模式）	电压控制-同步模式	V_{ref}
	固定功率因数功能	PF
	固定 Q 和下垂电压	Q_{ref}，D_Q
有功功率（电压-有功模式）	电压下垂（对欠压场景无贡献）	D_{PI}

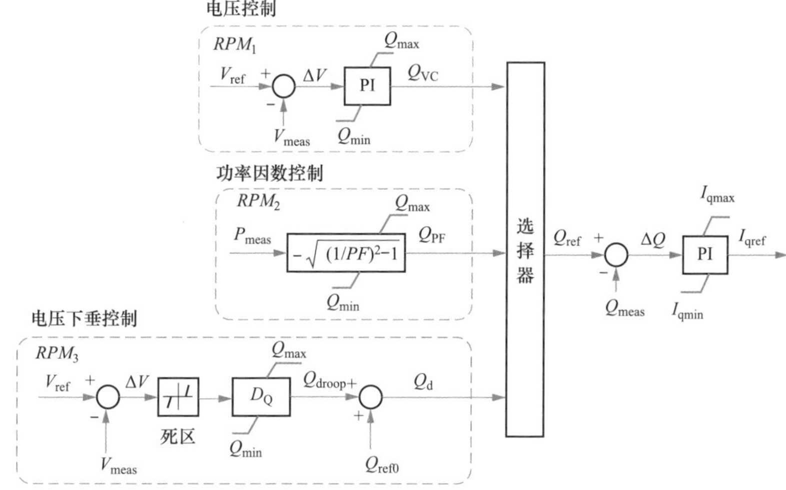

图 5-9　可再生分布式发电的无功功率控制环

5.3.2　频率调节

可以加入额外的主控制环来调节系统频率。这些控制环通常有一个功率参考，不是 *Delta* 控制，就是平衡控制，或者最大功率跟踪（maximum power point tracking，MPPT）控制。其中，*Delta* 控制为可用功率保留了一个固定裕度；平衡控制将最大输出功率限制在指定范围内；最大功率跟踪控制注入全部可用的功率。接着，将频率下垂增益叠加到功率参考值上，来调节频率。需要注意的是，最大功率跟踪控制对低频场景不会有频率调节贡献。表 5-2 总结了频率调节的每个控制环描述。

一个电子耦合分布式发电的无功和有功功率控制环分别如图 5-9 和图 5-10 所示。选择器用于选择分布式发电的运行模式。所有控制环的输入/输出量标识如表 5-3 所示。

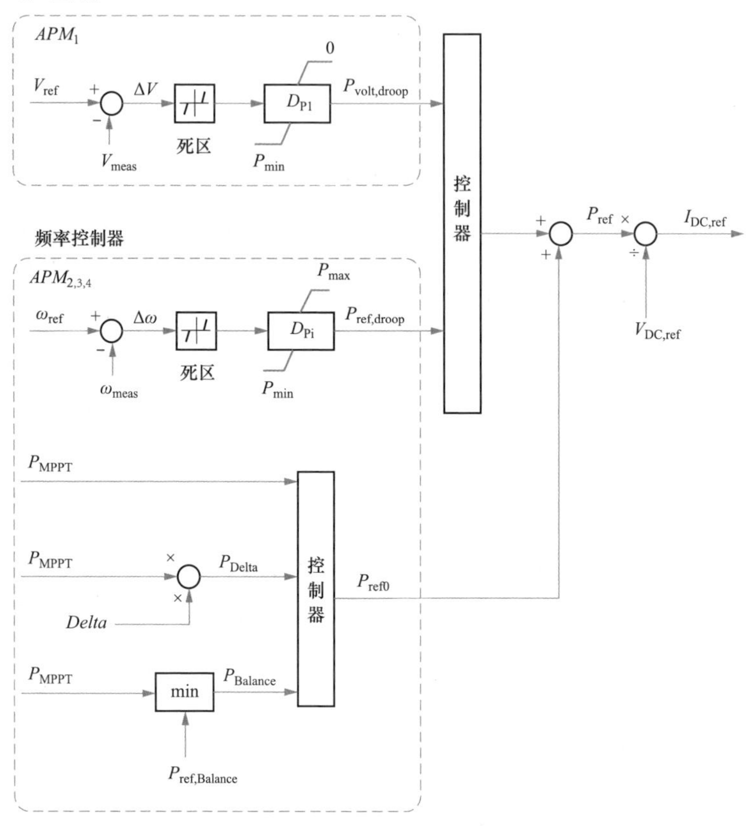

图 5-10 可再生分布式发电的有功功率控制环

表 5-2 电子耦合分布式发电的频率调节功率控制环描述

功率控制环	描述	参数
有功功率 （频率-有功模式）	带频率下垂的 *Delta* 控制	D_{P2}，%
	带频率下垂的平衡控制	D_{P3}，p. u.
	带频率下垂的最大功率跟踪 （对低频场景无贡献）	D_{P4}

表 5-3 电子耦合分布式发电控制环的输入/输出量标识描述

输入量标识	描述
RPM_1（电压-无功模式）	电压控制-同步模式
V_{ref}	RPM_1 的参考电压
RPM_2（电压-无功模式）	固定功率因数功能
PF	RPM_2 的功率因数

续表

输入量标识	描述
RPM_3（电压-无功模式）	固定 Q 和电压下垂
Q_{ref}	RPM_3 的 Q 参考值
D_Q	RPM_3 的电压下垂增益
APM_1（电压-有功模式）	电压下垂
D_{P1}	APM_1 的电压下垂增益
APM_2（频率-有功模式）	带频率下垂的 *Delta* 控制
Delta	APM_2
D_{P2}（频率-有功模式）	APM_2 的频率下垂增益
APM_3（频率-有功模式）	带频率下垂的平衡控制
平衡	APM_3 的最大功率输出
D_{P3}	APM_3 的频率下垂增益
APM_4（频率-有功模式）	带频率下垂的最大功率追踪（对低频场景无贡献）
D_{P4}	APM_4 的频率下垂增益
输出量标识	描述
P	DG 端口的有功功率输出
Q	DG 端口的无功功率输出

5.4 储能系统控制环——第一级功能

5.4.1 电压调节

与逆变器接口分布式电源类似，在并网模式或孤岛模式（带旋转发电）下运行，可通过无功调节功能调节电压。通过无功功率，电压-无功控制可与电压控制、功率因数控制、固定 Q 的下垂电压控制一起使用。其中，电压控制，通过分布式发电运行在同步模式下设定系统电压；功率因数控制，通过分布式发电运行在固定的功率因数下；固定 Q 的下垂电压控制，给分布式发电指定一个无功功率参考值 Q_{ref0} 和下垂增益用于调节电压。通过使用电压-有功功能的有功功率削减也有可能缓解电压上升。使用电压-有功功能，当电压水平达到极限时采用压降来调节注入的有功功率，其下垂增益记作 D_{Q1}。表 5-4 总结了电压调节的每个控制环描述。

5.4.2 频率调节

可以加入额外的主控制环来调节系统频率。这些频率控制环通常以三种模式运行：①同步模式——储能系统设置系统频率（电流控制的电压源逆变器（Voltage Source Inverter，VSI））；②同步模式——储能系统设置（电压控制的电压源逆变器）；③下垂频率模式——给储能系统指定一个有功功率参考值 P_{ref0} 和下垂增益（电流控制的电压源逆变器）。表 5-5 总结了频率调节的每个控制环描述。

表 5-4　　储能系统的电压调节控制环描述

功率控制环	描述	参数
无功功率（电压-无功模式）	电压控制-同步模式	V_{ref}
	固定功率因数功能	PF
	固定 Q 和电压下垂	Q_{ref}，D_Q

一个电子式储能系统的无功和有功功率控制环分别如图 5-11 和图 5-12 所示。选择器用于选择储能系统的运行模式。所有控制环的输入输出量标识如表 5-6 所列。

表 5-5　　储能系统的频率调节控制环描述

功率控制环	描述	参数
有功功率（频率-有功模式）	带频率下垂的 P_{ref}	P_{ref}，D_P
	频率控制-同步模式（电流控制的电压源逆变器）	f_{ref}
	频率控制-同步模式（电压控制的电压源逆变器）	V_{ref}，f_{ref}

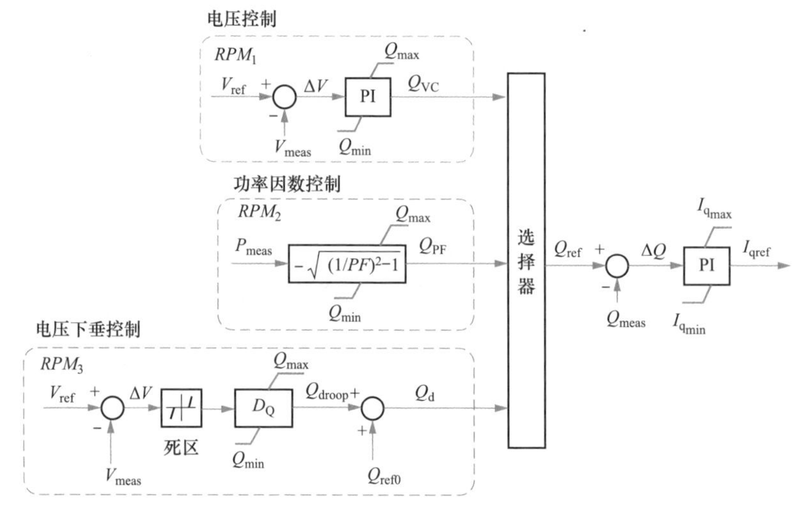

图 5-11　储能系统的无功功率控制环（电流控制的电压源逆变器）

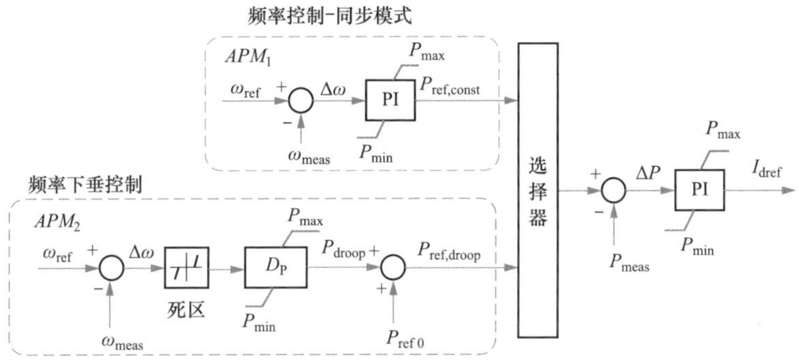

图 5-12　储能系统的有功功率控制环（电流控制的电压源逆变器）

表 5-6　　　储能系统控制环的输入/输出量标识描述

输入量标识	描述
RPM_1（电压-无功模式）	电压控制-同步模式
V_{ref}	RPM_1 的参考电压
RPM_2（电压-无功模式）	固定功率因数功能
PF	RPM_2 的功率因数
RPM_3（电压-无功模式）	固定 Q 和电压下垂
Q_{ref}	RPM_3 的 Q 参考值
D_Q	RPM_3 的电压下垂增益
APM_1（频率-有功模式）	带频率下垂的 P_{ref}
P_{ref}	APM_1 的有功功率参考值
D_P	APM_1 的频率下垂增益
APM_2（频率-有功模式）	频率控制-同步模式（电流控制的电压源逆变器）
f_{ref}	APM_2 的频率参考值
输出量标识	描述
P	DG 端口的有功功率输出
Q	DG 端口的无功功率输出

5.5　同步发电机控制环——第一级功能

5.5.1　电压调节

使用无功功率，电压-无功控制可以与电压控制、功率因数控制和固定 Q 的下垂电压控制一起使用。其中，电压控制，通过同步发电机（Synchronous Generator，SG）运行在同步模式下设定系统电压；功率因数控制，通过同步发电机运行在固定的功率因数下；固定 Q 的下垂电压控制，给同步发电机指定一个无功功率参考值 Q 和下垂增益用于调节电压。这里采用 IEEE 第 1 类同步发电机励磁系统。表 5-7 总结了电压调节的控制环描述。

表 5-7　　同步发电机（SG）的无功功率控制回路描述

功率控制回路	描述	参数
无功功率（电压-无功模式）	电压控制-同步模式	V_{ref}
	固定功率因数函数	PF
	固定无功功率和电压下垂	Q_{ref}，D_Q

5.5.2　频率调节

可以加入额外的主控制环来调节系统频率。这些频率控制环通常运行在两种模式下：①同步模式——同步发电机设置系统频率；②下垂频率模式——给同步发电机指定一个有功功率参考值 P_{ref0} 和频率下垂增益。表 5-8 总结了频率调节的每个控制环描述。

表 5-8　　同步发电机（SG）的有功功率控制回路描述

功率控制回路	描述	参数
有功功率（频率-有功功率模式）	P_{ref} 和频率降落	P_{ref}，D_P
	频率控制-同步模式	f_{ref}

同步发电机的无功和有功功率控制环分别如图 5-13 和图 5-14 所示。选择

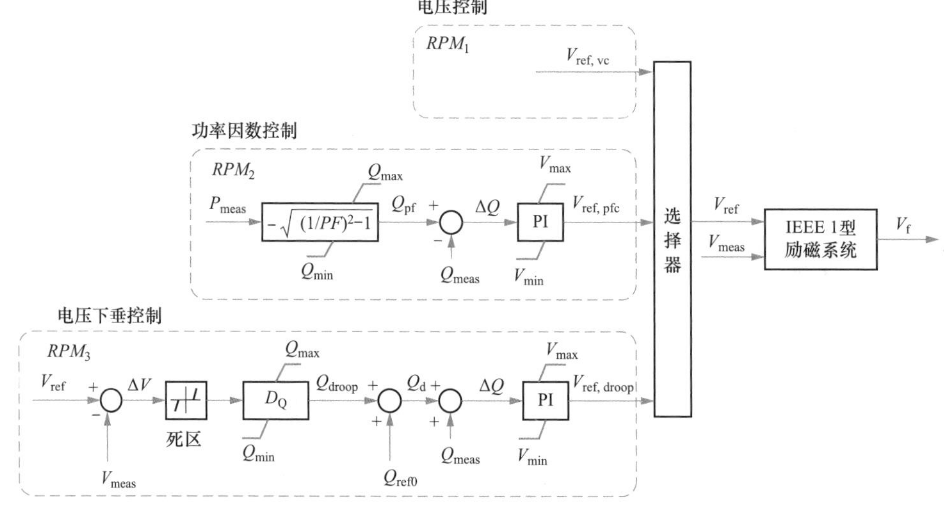

图 5-13　同步发电机的无功功率控制回路

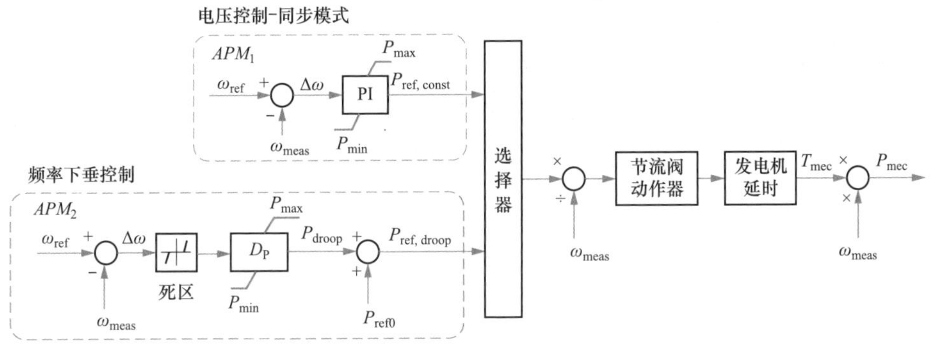

图 5-14　同步发电机配柴油机的有功功率控制回路

器用于选择同步发电机的运行模式。所有控制环的输入/输出量标识如表 5-9 所示。

表 5-9　同步发电机（SG）控制回路的输入/输出标识描述

输入标识	描述
RPM_1（电压-无功模式）	电压控制-同步模式
V_{ref}	RPM_1 的参考电压
RPM_2（电压-无功模式）	固定功率因数函数
PF	RPM_2 的功率因数
RPM_3（电压-无功模式）	固定无功和电压下垂
Q_{ref}	RPM_3 的参考无功功率
D_Q	RPM_3 的电压下垂增益
APM_1（频率-有功模式）	P_{ref} 与频率下垂
P_{ref}	APM_1 的参考有功功率
D_{P1}	APM_1 的频率下垂增益
APM_2（频率-有功模式）	频率控制-同步模式
f_{ref}	APM_2 的参考频率
输出标识	**描述**
P	分布式电源终端有功功率输出
Q	分布式电源终端无功功率输出

5.6　多源微电网控制——第一级功能

本节将介绍控制含多个电子耦合分布式电源微电网的另一种方法。该控制方法可用在并网和孤岛运行模式，并提供两种模式之间的平稳过渡。这种方法的特性包括正反馈孤岛检测和动态过电流限制。

式（5-4）、式（5-5）分别给出并网、孤岛及两者过渡时的频率控制回路和电压控制回路。

$$\frac{1}{\omega_0 K_i}\frac{d\omega_s}{dt}=P_{ref}-P+\frac{1}{\omega_0 D_p}(\omega_{ref}-\omega_p)+\frac{K_p}{\omega_0}(\omega_p-\omega_s) \tag{5-4}$$

$$\nu_t=V_{ref}-D_q Q+\frac{K_q}{s}(Q_{ref}-Q)+\frac{K_q}{s}G(s)\,|\nu_{pcc}| \tag{5-5}$$

式中：ω_0、ω_s、ω_{ref}和 ω_p 分别对应系统标称频率、变换器端子频率、参考频率和耦合点频率；P_{ref}和 P 分别为基准有功功率和实测有功功率；Q_{ref}和 Q 分别为基准无功功率和实测无功功率；K_q、K_i 和 K_p 分别为无功功率积分、有功功率积分、有功功率比例增益；D_q 和 D_p 分别为有功功率和无功功率的衰减增益；V_{ref} 为设定值；ν_t 为输出端电压。

过电流受下述函数限制：

$$\nu_{tref}=\begin{cases}|\nu_{pcc}|-V_{lim} & ,\nu_t\leqslant|\nu_{pcc}|-V_{lim}\\ E_s-D_q Q+\dfrac{K_q}{s}(Q_{ref}-Q) & ,|\nu_{pcc}|-V_{lim}<e^{p}_{mag}<|\nu_{pcc}|+V_{lim}\\ |\nu_{pcc}|+V_{lim} & ,\nu_t\geqslant|\nu_{pcc}|+V_{lim}\end{cases} \tag{5-6}$$

$$\theta_{VSC}=\begin{cases}\theta_{pcc}-\delta_{lim} & ,\theta_s\leqslant\theta_{pcc}-\delta_{lim}\\ \dfrac{1}{s}\omega_s & ,\theta_{pcc}-\delta_{lim}<\theta_s<\theta_{pcc}+\delta_{lim}\\ \theta_{pcc}+\delta_{lim} & ,\theta_s\geqslant\theta_{pcc}+\delta_{lim}\end{cases} \tag{5-7}$$

式中：ν_{tref}为命令输出电压；ν_{pcc}为公共连接点（PCC）电压；δ 为分布式电源（DER）相对于公共连接点（PCC）电压角的电压角；V_{lim}和 δ_{lim}分别受公共连接点（PCC）的电压和 δ 强限制；θ_{VSC}、θ_{pcc}和 θ_s 分别为分布式电源（DER）输出角、公共连接点（PCC）角和源频率积分角。

5.7 故障限流控制策略——第一级功能

该故障控制器补充了传统动态电压恢复器（DVR）的电压跌落补偿控制。它不需要锁相环，而且能独立控制每个相位注入电压的大小和相角。该控制方案建立在每一基准相上，如图 5-15 所示。具体控制方案如下：

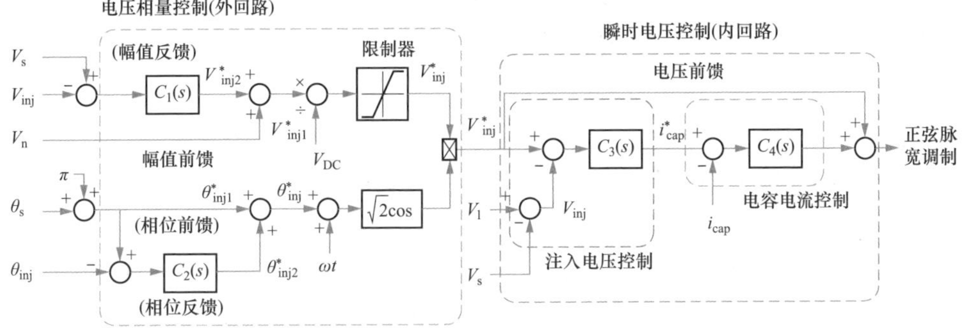

图 5-15 短路电流限制（FCI）模式下（动态电压恢复器）DVR 控制系统单相框图

（1）能够限制故障电流小于额定负载电流，并在 10ms 内恢复公共连接点（PCC）电压；

（2）能在两个周期内中断故障电流；

（3）限制直流链路电压上升，因此，对故障电流中断的持续时间没有限制；

（4）即使在发生闪络故障的情况下，性能也令人满意；

（5）能在低直流链路电压条件下中断故障电流。

5.8 减轻对保护系统的影响——第一级功能

本节将讨论一种减轻多个电子耦合分布式电源（EC-DERs）对微电网保护系统影响的策略。该策略是在研究了不同故障电阻、不同分布式电源位置的影响，在断路器保护方案中多个电子耦合分布式电源对断路器-重合闸协调的影响，分布式电源无功功率注入的影响等多种故障条件后制定的，用于辅助分布式电源保护方案。该策略根据分布式电源的终端电压限制其输出电流。与其他方法相比，该策略成本低，易于实施，在正常情况下不限制 DG 容量，不需要对原有保护系统进行任何改变。

$$I_{\mathrm{ref}}=\begin{cases}\dfrac{P_{\mathrm{desired}}}{V_{\mathrm{pcc}}},V_{\mathrm{pcc}}\geqslant 0.88\mathrm{p.u.}\\ kV_{\mathrm{pcc}}^{n}I_{\max},V_{\mathrm{pcc}}<0.88\mathrm{p.u.}\end{cases}\tag{5-8}$$

式中，I_{ref} 为整流器的参考电流；$I_{\max}$ 为在 $V_{\mathrm{pcc}}=0.88\mathrm{p.u.}$ 时产生的最大电流；V_{pcc} 为分布式电源连接点的电压有效值；P_{desired} 为输出功率目标值；k 和 n 为待定常数。n 的值决定了控制方案对电压变化的灵敏度。伴随电压降落，若 n 值越大，输出电流减小越明显。然而，过大的 n 值将导致控制方案在面对很小的电压干扰时变得过于敏感。一旦选择了 n 的值，系数 k 可以通过式（5-8）中的参考电流

连续函数在 V_{pcc}=0.88 附近时决定；即可从式（5-9）中获得。

$$k(0.88)^n I_{max} = \frac{P_{desired}}{0.88} \Rightarrow k = \frac{P_{desired}}{(0.88)^{n+1} I_{max}} \tag{5-9}$$

5.9 自适应控制策略——第二级功能

本节介绍了一种自适应控制策略，以增强现有控制器的性能。作为一种附加策略，它可以实现设置值自动调整与矫正（SPAACE），以改善电力系统设备的设置点跟踪，特别是系统参数可能经常变化的小型集成系统，如微电网。该策略监视设备响应的趋势和瞬时值，并对其设定值进行调制，以在设置值较小的稳定时间和较小的设定值偏移情况下实现响应，例如小超调。

整个系统图展示了常规电力系统设备设置值自动调整与矫正（SPAACE）控制器的流程图，如图 5-16 所示。设置值自动调整与矫正（SPAACE）算法的有限状态机制如图 5-17 所示，其中 Δt 为违规后经过的时间，T 为允许的最大违规时间。

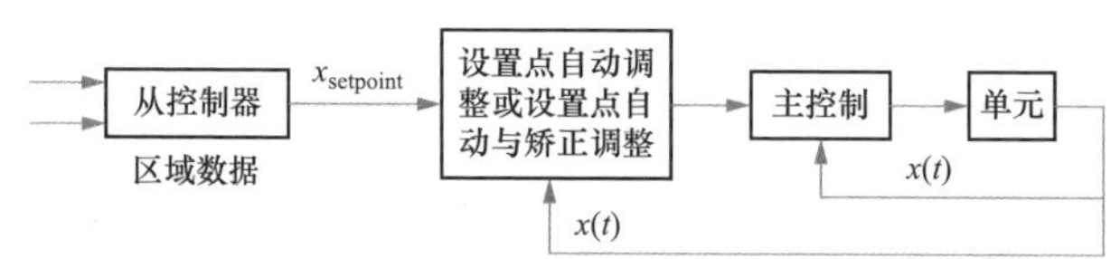

图 5-16 主、从控制器和设置点自动校正调整流程图

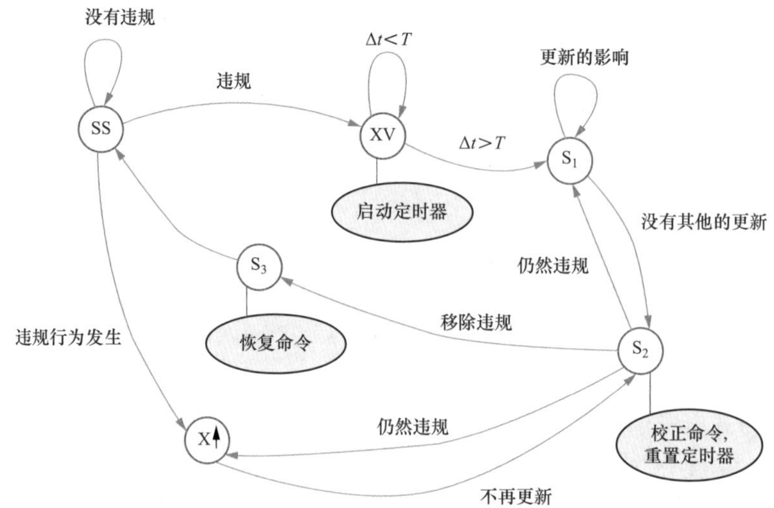

图 5-17 设置值自动调整与矫正（SPAACE）算法的有限状态机制

5.10 广义控制策略——第二级功能

本节介绍了含多个分布式电源的微电网的控制和管理策略。微电网控制的分层框架提出了确定设定值的中间值以保证操作可行性的二级控制器势函数的概念。为微电网的每个可控单元定义了一个势函数，使势函数的最小化来实现控制目标。设置值通过微电网内的通信动态更新。这个策略被推广到包括局部和系统范围的约束。

式（5-10）提出了一般优化问题：

$$\begin{aligned} &\min_x f(x) \\ &\text{边界条件}: g(x)=0 \\ &\qquad\qquad h(x)\leqslant 0 \end{aligned} \tag{5-10}$$

通过在目标函数中加入障碍函数，将问题转化为式（5-11）：

$$\begin{aligned} &\min_x f(x)-\gamma\sum_{i=1}^{n_i}\log(z_i) \\ &\text{边界条件}: g(x)=0 \\ &\qquad\qquad h(x)+z=0 \\ &\qquad\qquad z\geqslant 0 \end{aligned} \tag{5-11}$$

以 γ，x 和 z 的初始值为基础，分别以电流测量值、由随机正数组成的向量和 n_i 为不等式约束数，迭代求解该问题。

$$\begin{bmatrix} M & g_x \\ g_x^T & 0 \end{bmatrix}\begin{bmatrix} \Delta x \\ \Delta\lambda \end{bmatrix}=-\begin{bmatrix} N \\ g(x) \end{bmatrix} \tag{5-12}$$

$$\begin{aligned} \Delta\mu &= -\mu+[z]^{-1}(\gamma 1-[\mu]\Delta z) \\ \Delta z &= -h(x)-z-h_x^T\Delta x \end{aligned} \tag{5-13}$$

其中，M、N 和 g_x 为基于拉格朗日的二阶近似系数；λ 和 μ 分别为等式和不等式约束的拉格朗日因子；γ 在 $\delta=0.1$ 时按照式（5-14）的每一个方程更新。

$$\gamma\leftarrow\delta\frac{z^T\mu}{n_i} \tag{5-14}$$

解决方法流程图如图 5-18 所示。该策略引入广义势函数最小化（GPFM）框架来设计系统扰动后的轨迹。广义势函数最小化（GPFM）处理全系统和局部的约束。

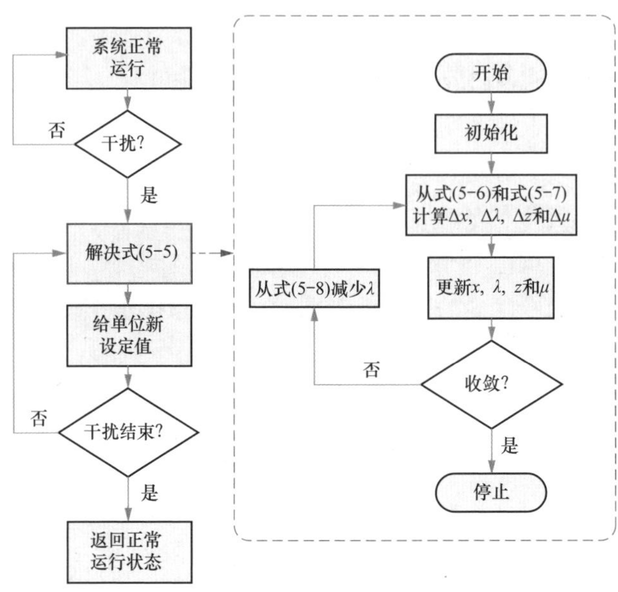

图 5-18　策略流程图

5.11　多级分布式电源控制——第二级功能

多级分布式电源控制策略为包含多个分布式电源的微电网的自主运行模式提供了一个中央电源管理系统（PMS）和一个分散的、鲁棒的控制策略。该策略提供了一种不受微电网参数、拓扑和建模不确定性影响的鲁棒控制器。该方法具有跟踪零稳态误差设定值的优良性能，且抗干扰能力强。

由等式（5-14）提供的装置控制（假设有三个电源）包括式（5-15）提出的一个分散式伺服补偿器

$$\dot{\eta}_i = 0\eta_i + (y_i - y_{ref}^i), i = 1,2,3 \tag{5-15}$$

其中，$\eta_i \in R^2$，$i=1$，2，3，以及一个分散稳定补偿器，其结构如式（5-16）所示

$$\begin{cases} \dot{\beta} = A\beta + By \\ u = K_1 y + K_2 \eta + K_3 \beta \end{cases} \tag{5-16}$$

A、B、K_1、K_2 和 K_3 均是 3×3 的对角矩阵。

这就引出了如式（5-17）所示的分散控制器

$$\begin{cases} u = K_1 y + K_2 \eta + K_3 \beta \\ \dot{\eta} = y - y_{ref} \\ \dot{\beta} = A\beta + By \end{cases} \tag{5-17}$$

5.12 集中微电网控制功能——第三级功能

为了确定发电机组和储能功率的设定值，设计了一个初步的集中微电网控制器来优化算法。而规划的微电网控制器应该能够优化一个以上的目标，第一步只考虑向负载提供能量的成本最小化。中央控制器从不同的组件获取测量值和设备状态，执行优化，并确定下一个时间段的设定值。也就是说，微电网控制器解决了一个基本的经济调度问题，即将总需求分配给不同的分布式电源，以使生产成本最小化。优化算法采用内点法，而且每 15min 进行一次调度。经济调度问题的表达式为：

$$\min\sum_{i=1}^{n_{\mathrm{a}}}C_{\mathrm{i}}(P_{\mathrm{Gi}}) \tag{5-18}$$

式中，P_{Gi}为发电机组产生电量的成本。

柴油发电机和同步发电机的单位成本函数为二次函数，定义为

$$G_{\mathrm{i}}(P_{\mathrm{Gi}})=G_{0\mathrm{i}}+a_{\mathrm{i}}P_{\mathrm{Gi}}+\frac{1}{2}b_{\mathrm{i}}P_{\mathrm{Gi}}^{2} \tag{5-19}$$

式中，$C_{0\mathrm{i}}$、a_{i} 和 b_{i} 为二次成本函数参数。

优化问题考虑的约束条件如下：

（1）任何时候都能达到功率平衡，即

$$\sum_{i=1}^{n}P_{\mathrm{Gi}}-\sum P_{\mathrm{L}}=0 \tag{5-20}$$

式中，P_{L} 为总负载。

（2）每个分布式电源必须在其限制条件下运行

$$P_{\mathrm{Gi,min}}\leqslant P_{\mathrm{Gi}}\leqslant P_{\mathrm{Gi,max}} \tag{5-21}$$

其他约束条件，如储备要求、爬升限制、分布式电源的开启/关闭逻辑、容量和能量界限都应该包含在即将进行的研究中。

5.13 保护和控制要求

本节介绍了用于提升微电网保护性能的重合闸-断路器协调详细方案。在考虑系统约束条件下，该保护方案在微电网的两种运行模式（并网模式和孤岛模式）中都是有效的；针对不同的故障情况，这些保护策略为微电网提供了可靠性。

保护策略的协调算法如图 5-19 所示。接下来需要为算法生成输入，具体如下：

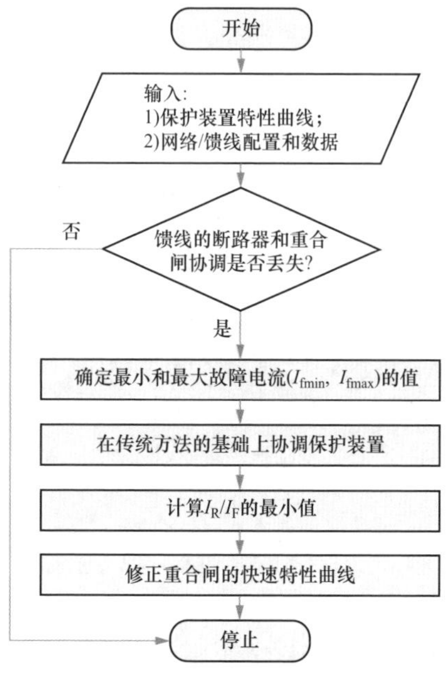

图 5-19　重合闸-断路器的协调算法

（1）检查是否由于（多个）分布式电源的引入导致重合闸和断路器的协调丢失。如果失去了协调，则算法继续执行；否则，将在此步骤中停止。

（2）考虑多个分布式电源的存在，需要计算馈线的最小故障电流和最大故障电流（I_{fmin}和 I_{fmax}）。

（3）装置的特性曲线根据常规保护方案进行协调。

（4）由于多个分布式电源的存在，重合闸故障电流 I_R 小于断路器故障电流 I_F。因此，将重合闸快速特性曲线乘以 I_R/I_F 的最小值，从而修正重合闸快速特性曲线。然后在数字重合闸程序中编写修正后的特性曲线。在必要的情况下，瞬时重合闸是被允许的，以确保断路器安全。

5.14　通信辅助保护和控制

本节解释了一种通信辅助保护策略，该策略可基于商用微处理器的继电器实现，用于保护中压微电网。即使存在通信的保护策略，也需提供后备保护策略来处理通信网络故障。该策略不需要适应性保护装置，更重要的是，它的有效性在很大程度上与微电网分布式发电机的类型、大小和位置、故障电流水平、微电网运行模式无关。

图 5-20 所示的流程图展示了这个策略是如何工作的。

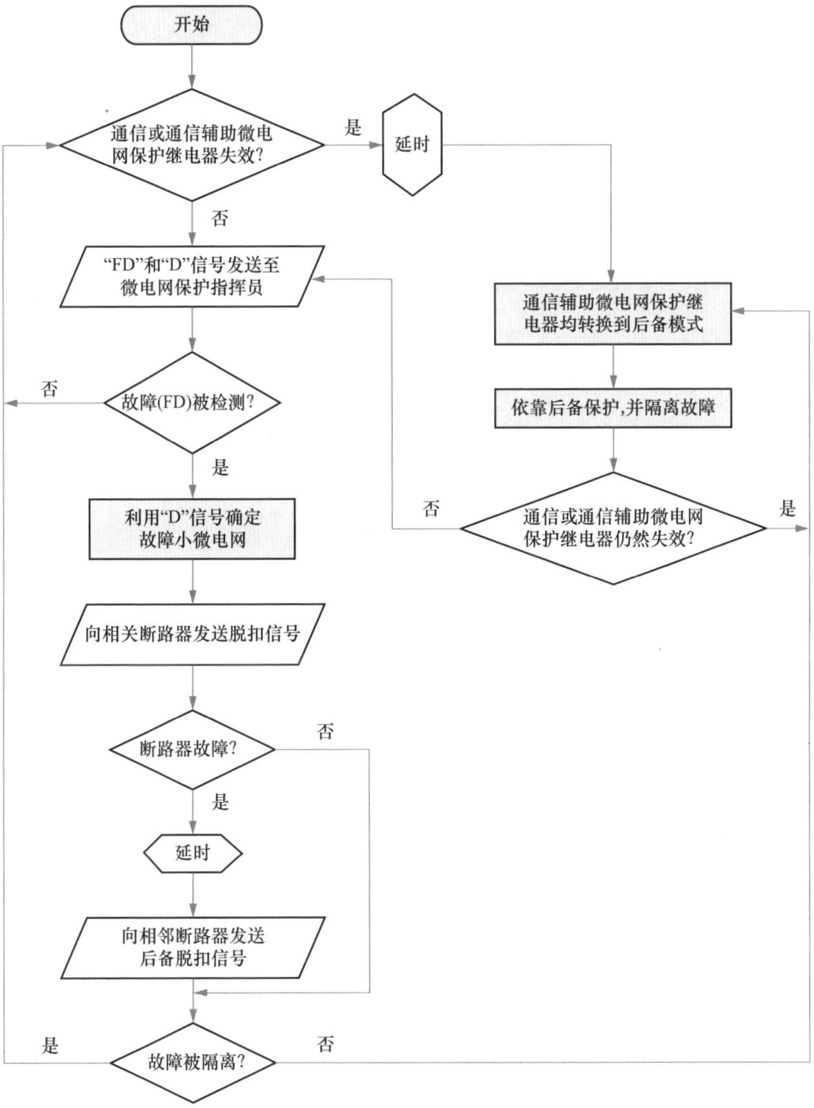

开始
通信或通信辅助微电网保护继电器失效?
是
延时
否
“FD”和“D”信号发送至微电网保护指挥员
通信辅助微电网保护继电器均转换到后备模式
依靠后备保护,并隔离故障
否
故障(FD)被检测?
是
利用“D”信号确定故障小微电网
否
通信或通信辅助微电网保护继电器仍然失效?
是
向相关断路器发送脱扣信号
断路器故障?
否
是
延时
向相邻断路器发送后备脱扣信号
是
故障被隔离?
否

图 5-20　通信辅助保护方案流程图

5.15　分布式电源的故障电流控制

本节介绍孤岛微电网电压直接控制多个分布式电源单元（VC-DERs）的电压直接控制方案的两个附加特性，以提供过流和过载保护。过流保护方案检测到故障，限制分布式电源的输出电流大小，并在故障清除后恢复微电网正常运行。过载保护方案限制了电压直接控制分布式电源单元的输出功率。方案的流程图如图 5-21 所示。

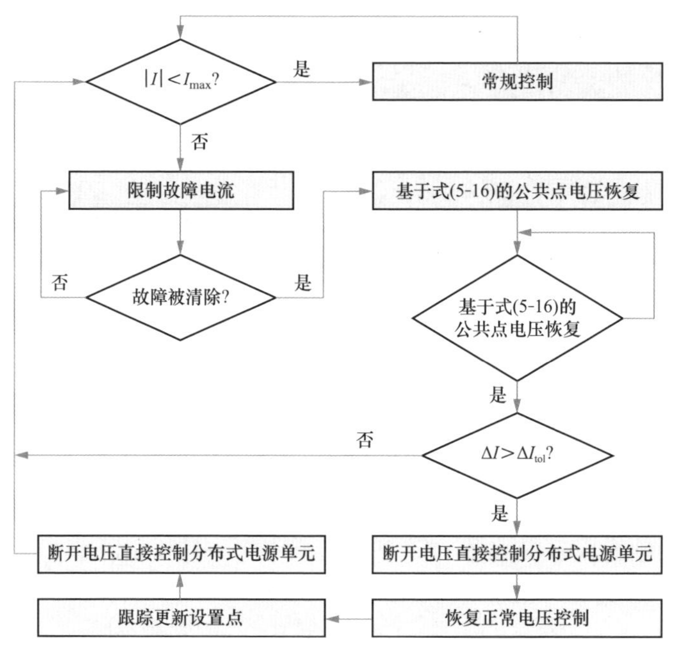

图 5-21　包括过流保护的电压控制方案流程图

此外，电压控制策略由如下函数实现：

$$\Delta V=\begin{cases}\Delta V_{max},\Delta V>|\Delta V_{max}|\\ \Delta V,\Delta V\leqslant|\Delta V_{max}|\end{cases}\tag{5-22}$$

式中，ΔV_{max}为电子耦合分布式电源（EC-DER）产生的最大视在功率所对应的最大电压差；ΔV 为电子耦合分布式电源产生的电压差。

5.16　微电网控制的负荷监测——第三级功能

本节介绍一种使用一组分布式电压传感器和电流估算法来监测负载的方法。这种方法特别适用于那些很难直接测量负荷但负荷电压可以被感知的系统，比如微电网。提出了一种利用负载末端感知的电压估计负载电流的类状态估计算法。从有限的面板收集的电流和功率也被用来提供冗余的估计。微电网的一个主要特点是为用户提供多样化的负荷管理机会，这就需要负荷监测技术的创新。

负荷监控算法的步骤如下：

（1）定义系统配置和参数：获取系统配置，支路阻抗和测量值。

（2）初始化：根据负荷末端电压和主面板电压的测量值，初步估算负载电流。

（3）使用反向扫描计算所有支路电流。

（4）通过正向扫描计算所有节点的电压。

（5）计算系统状态的变化。

（6）更新系统状态。

（7）如果小于收敛公差（停止准则），则停止。如果迭代次数小于最大迭代次数，请执行步骤 4。否则，得出算法不收敛的结论。

5.17　并网变压器保护

限制接地故障（REF）继电器是变压器数字保护系统中的保护元件之一，其响应速度快，易发生误动作。在电流不可避免地流过电流互感器（TA）中性点期间，限制接地故障（REF）继电器仅在各种接地故障（EFs）时动作以保护绕组。然而，以前报告的研究案例表明，当没有大的中性电流时，限制接地故障继电器会误动。

当测得的零序电流大于预先设定的定值时，接地故障继电器就会动作。零序电流可根据三相电流之和进行测量。然而，由于短路而产生的饱和 TA 电流会产生人为的零序电流。因此，要确定实际的零序电流值，应检查通过变压器中性点的电流。接地故障继电器不能区分变压器和系统的相对地故障。因此，为了避免由于外部故障导致的继电器误操作，通常会施加较大的延迟。

接地故障单元
限制接地故障单元
与
触发

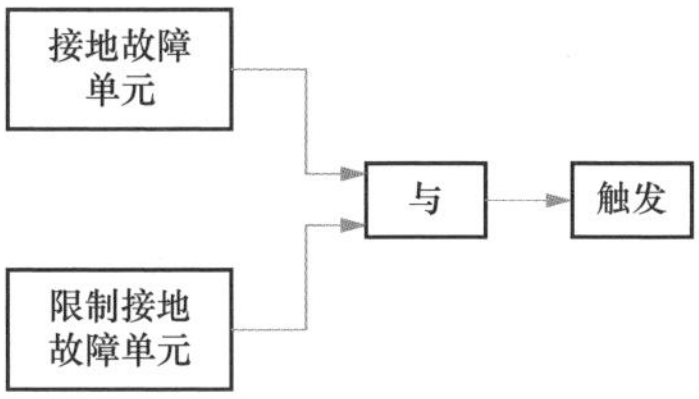

图 5-22　限制接地故障逻辑修正

必须指出的是，与限制接地故障和接地故障继电器相关的缺点可以通过图5-22的方案来完善：如果瞬时接地故障保护装置不运行，则限制接地故障保护装置的跳闸命令不会发出。

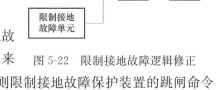

5.18　电压-无功优化控制——第三级功能

电压-无功优化（VVO）控制是一种基于预先确定的馈线负荷分布的配电网

进行无功优化的方法。这可以通过控制变压器有载分接开关（LTCs）、调压器（VRs）、电容器组（CBs）和其他现有的配电变电站和配电馈线中的电压-无功控制设备来实现。

另一种技术是保护性降压（CVR），它可以潜在地减少分配到任意馈线负载的功率。大多数情况下，CVR技术能够节省能源，通过将住宅电压维持在标准范围的下限，无需预期客户的行为会发生变化。此外，CVR技术可以通过动态控制客户的电压水平来提高系统的稳定性。随着实时命令和控制能力的出现，传统静态VVO/CVR系统向实时、自适应和动态VVO/CVR解决方案的发展是可以想象的。此外，智能电网中的可调度能源能够让VVO/CVR系统经济实用，如车辆到电网系统、社区存储系统、智能逆变器技术和可持续/可再生资源。

如图11-11所示，VVO/CVR智能代理（IA）的主要职责是提供实时有效的自适应VVO/CVR管理。它的核心是电压-无功优化驱动模块（VVOE），它能在运行期间实时优化和控制算法，以保持与住宅消费者连接点的电压在标准ANSI C 84.1和CAN 3-C235-83的限制范围内，即在0.95～1.05p.u.之间；并通过在变电站和配电馈线施加实时电压调节和无功注入，能够同时优化系统电压、功率损耗和有功/无功功率。配电网在线最佳优化解决后，通过向电压-无功设备发送命令来重新配置网络，例如在调节/注入点（如电压调节器、有载分接开关和电容器组）。这些设备在其工作范围内实现电压-无功优化引擎（VVOE）的命令，如果需要，将向系统中的其他智能代理（IAs）发送新命令。电压-无功优化引擎（VVOE）平台的开发考虑如下：

（1）保持电压在期望水平内；

（2）配电网损耗的重要性；

（3）电压和无功功率控制设备；

（4）电压-无功优化（VVO）；

（5）保护性降压（CVR）。

6

信息与通信系统

本章主要阐述了微电网信息与通信系统的需求。该信息通信系统主要用来支持微电网中多种交易参与者与电力公司之间的数据无缝交换及控制。基于在广域网中的大量终端节点之间建立通信服务的要求，本章研究探索了实现智能测量的本地通信网络，以及实现智能应用的家庭通信网络。它们为微电网提供了一个坚强的通信基础设施，其指挥和控制算法的有效实现取决于这套设施的可用性、可靠性和弹性。

图6-1展示了通信系统的基础分层模型。每个数据组在从一个节点传送到另

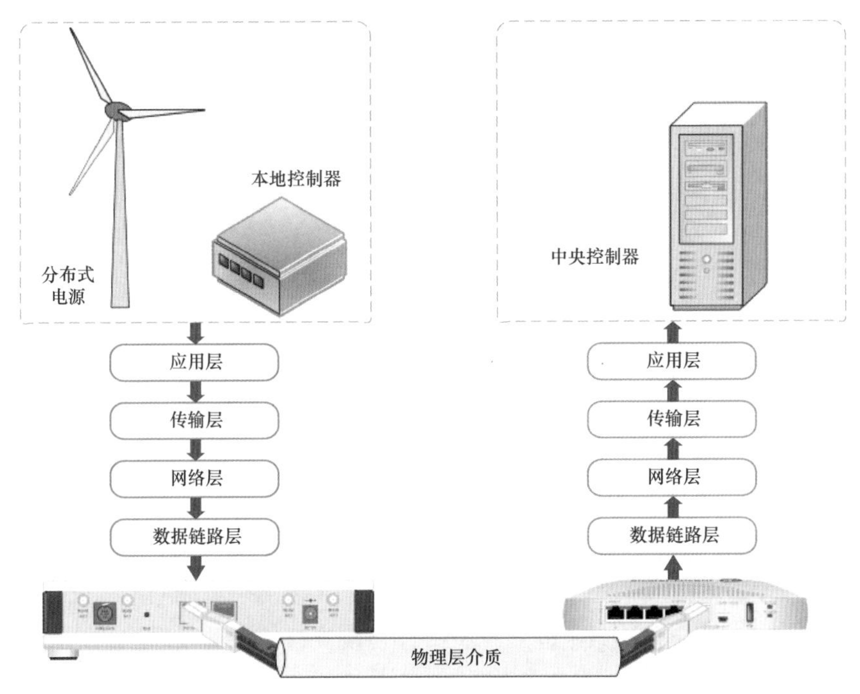

图 6-1　典型的通信系统基础分层模型

一个节点的时候，都会穿过这些层。微电网同时还需要其他维度的分层，在接下来的几章中将对其进行介绍。对于通信系统的分层来说，每一层都是从它下面一层抽象出来的，并实现一个特定的功能，用来建立、维持或断开通信会话。应用层决定传输层将如何被使用，以及应用于哪种用途。比如，一个建立网络对话的常规应用就是超文本传输协议（HTTP），而用于电力系统自动化和系统控制的一个通用协议是分布式网络协议（DNP3）。传输层负责控制如何处理两个节点之间的数据通信，同时确保通信的可靠性以及进行错误管控。信息与通信系统所使用的通用传输协议，一般是传输控制协议（TCP）和用户数据报协议（UDP）。网络层负责数据如何按照一定的路径传输，以及数据该传送到哪里。常见的网络层协议包括 Internet 协议（IP）和 Internet 控制消息协议（ICMP）。数据链路层或网络获取层负责将网络层的数据转换为一种指定的格式，这种格式将最终被转换为物理信号并通过物理介质发送出去。常用的数据链路层协议包括以太网、通用串行总线和电力线通信（PLC）。

6.1　微电网的信息及通信要求

微电网中的通信系统需要实现端到端连接以及多种节点间的数据交换。图6-2显示了该系统所需的一般网络部署及其接口。通信网可根据其覆盖范围的大小分为广域网（WANs）、局域网（LANs）和家庭局域网（HANs），覆盖在家庭局域网、局域网和广域网之间且具有接口应用的通信网络如图 6-2 所示。在接下来的部分将对其一一展开介绍。

6.1.1　家庭局域网络通信

家庭局域网 HANs 处于家庭或终端客户环境中，为非聚合的原子节点（基本节点）设备提供网络通信。智能电能表或其他设备可以提供 HAN 和 LAN 之间的网关。HANs 能够实现恒温器、家用电器、传感器和家用显示器（IHDs）等设备间的相互通信，这样就可以使得用户知晓他们自身的用电量及用电情况，从而能够根据电价等因素对自身用电情况进行控制。HANs 通常不需要很大的带宽，因为它们需要传输的网络流量很低。包含低速短距离传输的无线网上协议（ZigBee）和家用智能插头（Home plug）的开放式家庭局域网（OpenHAN），以及智能能源配置文件，是未来 HAN 部署中很有希望采用的标准。此外，在家庭智能电能表与配电网馈线之间，HANs 还可以支持能源管理系统和需求响应技术等方面的应用。

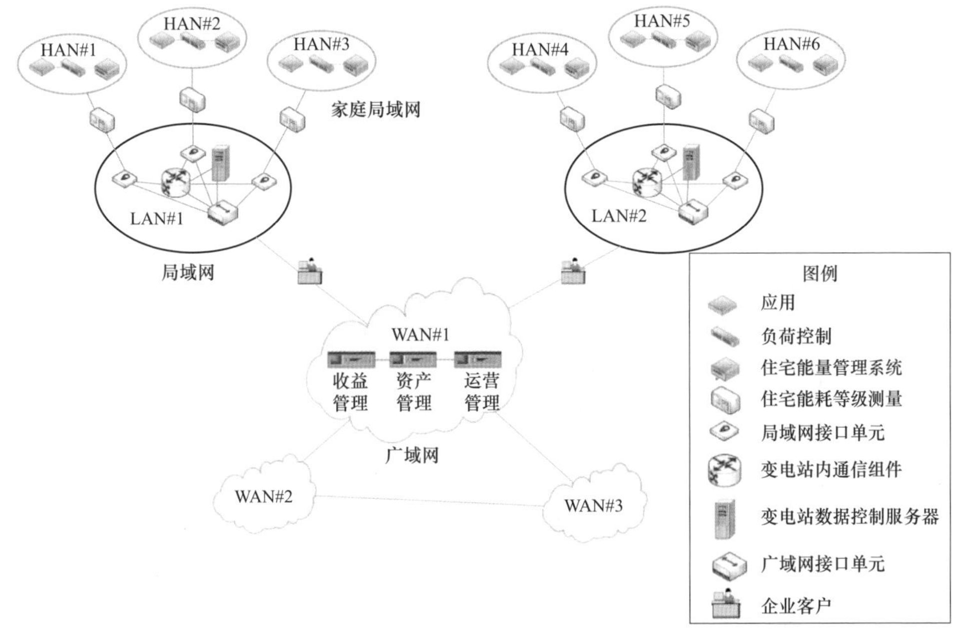

图 6-2 覆盖在家庭局域网（HAN）、局域网（LAN）和广域网（WAN）之间且具有接口应用的通信网络

6.1.2 局域网通信

通过网关应用程序和协议，如高级计量基础设施（AMI）的通信协议和智能电能表的通信协议，局域通信网（LANs）为聚合的家庭局域网（HANs）提供了一个网络主干。一个局域网（LAN）的建立使“邻里”之间的通信成为可能，比如相邻用户之间具有通信功能的智能电能表中的数据就可以通过这个局域网进行交换通信。在这里，许多不同的技术正在吸引公用事业服务商（这里可理解为供电公司）的关注。这些技术包括但不限于电力线载波 PLC、TCP/IP 协议、有线网通信技术、无线网通信技术（从针对工业、科学及医药行业的无线城域网，到低功耗无线局域网协议 ZigBee）等，它们都在为赢得市场而积极展开竞争。许多设备供应商正在销售推广他们专有的通信解决方案，但公用事业服务商（在这里可以理解为供电公司）倾向于一种更开放、更兼容的解决方案，从而能够让不同供应商提供的设备间实现信息互通。在北美，考虑到智能电能表是在智能电网及微电网领域最常见的一类终端设备，ANSI C-12.19 与 ANSI C-12.22 这两种标准至少在不同型号的智能电能表之间解决了信息互通的问题。

6.1.3 广域网通信

广域网（WAN）的通信涉及从若干个局域网内集聚数据并进行传输，同时也需要从主网设备（包括发电站、变电站、开关设备等）接收或发送相关命令及控制信息。广域网（WAN）一般需要较大的带宽以适应其需要处理及传输的大规模数据。电力公司一般倾向于传统的 TCP/IP 网络，连同 IEC 61970、IEC 61968 和 IEC 61850 等标准一起，用于广域网的数据交换与通信。

图 6-3 展示了一个位于大学校园里的微电网的通信网络，作为图 6-2 所展示的网络分类应用的例证。

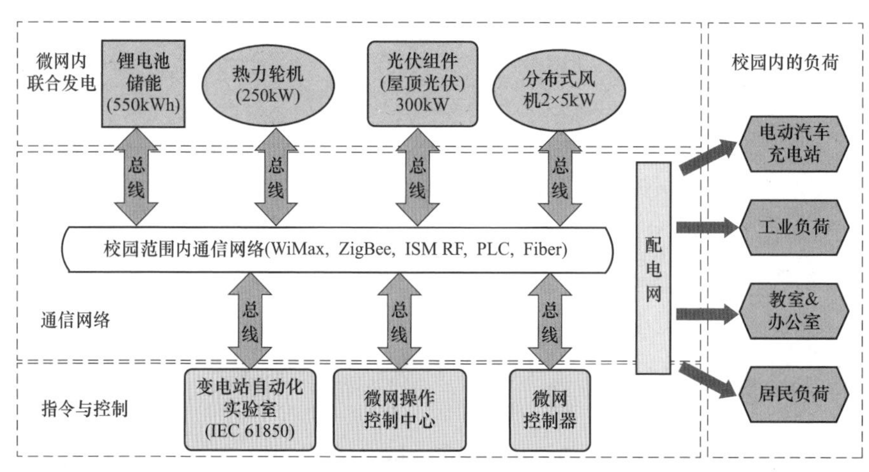

图 6-3 校园智能微电网拓扑和通信网络

6.2 通信系统的技术选择

本节首先按照传输媒介（无线、有线、光纤等）将可用的通信技术分为了几大类，然后在每一大类之下再细分了若干种可利用该传输媒介进行通信的技术。图 6-4 总结了几种可用的传输媒介。可以看到有多种通信技术可以应用于上文介绍的家庭局域网、局域网、广域网中。本节介绍了几种最常用且最适用于微电网的通信技术，讨论了它们的特点及优缺点。

6.2.1 蜂窝电话/无线电频率

包括全球移动通信系统（GSM）、通用分组无线电业务（GPRS，包括 3G、4G）、长期演进通信网络（LTE）在内的各种通信技术，都拥有一个蜂窝电话/

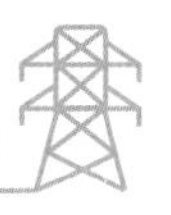

无线电频率，这个频率常用于移动电话及数据传输服务中进行声音或数据连接。此外，它还可以通过短信服务（SMS）的形式，支持低频小规模数据的通信。世界上大多数国家现今已经建立了大量的提供通信服务的基础设施，通信网络覆盖范围广泛。然而，如果微电网作为唯一的用户想要进一步扩大网络覆盖范围，那么投资将很难从经济效益上通过论证。同时由于基于蜂窝电话/无线电频率的通信技术是在无线媒介中传播的，容易受到噪声和干扰，导致数据传输容量降低。

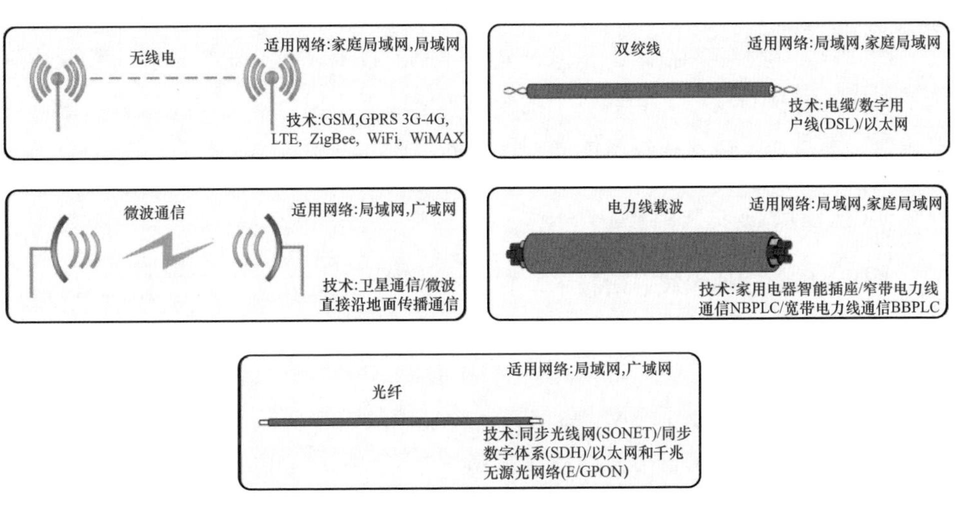

图 6-4　各类通信技术所采用的典型物理传输媒介

6.2.2　电缆/数字用户线 DSL

电缆或数字用户线（DSL）能够在现有的电话线上提供不同频率范围的通信服务，主要用于传输声音。这种通信技术比较适合局域网（LAN）的通信，因为 LAN 的数据来自相互之间距离不远的家庭局域网（HANs）和智能电能表。这种有线通信由于基于现有的基础设施及通信线路，其实施成本较低，不过数据吞吐量（传输量）将随着线路长度的增加而衰减，所以沿线需要安装集中器或中继器来聚合、增强来自覆盖面积较大的微电网的相关数据。

6.2.3　以太网

以太网是一种基于有线网络的通信技术，一般支持 10Mbps 的传输速度，而高速以太网一般支持 100Mbps 的传输速度，吉比特以太网可支持 1000Mbps 或 1Gbps 的数据传输速度。以太网还可以支持更高的数据传输速度。这种通信技术最常见的是在一组四双绞线上实现，同时还可以采用光纤作为传输媒介以获得更

快的传输速度。该通信技术最适合局域网通信。同时本技术的成熟性使得其可用于家庭局域网到局域网范围内的通信。不过对于家庭局域网内的通信，无线技术鉴于其提供的便捷性，相比有线的以太网更胜一筹。

6.2.4 基于光缆连接的同步光纤网（SONET）/同步数字体系（SDH）/以太网和千兆无源光网络（E/GPON）

同步光纤网（SONET）/同步数字体系（SDH）/以太网和千兆无源光网络（E/GPON），上述三种技术都是基于光纤的通信技术，能够支持不同的数据访问速率和不同的核心网络，能够在干扰较小的情况下实现高带宽和高速率的数据传输能力。不过，支持这类技术的光纤网络的建设和维护成本很高。

6.2.5 微波通信

微波通信是一种无线通信技术，它要求收发机之间在彼此的视线范围内进行通信。微波链路可以在两个节点之间直接进行连接，也可以通过中继卫星实现两个节点之间的连接。微波连接可以为局域网（LAN）或广域网（WAN）等网络提供通信媒介，但相比于 LAN 与 WAN 可采用的其他通信选择比如光纤等，微波通信的成本要高得多。微波通信也容易受到天气等环境因素的影响，并且穿透能力有限。目前，已有手机通信服务商运用微波将不同的基站和服务器连接起来。

6.2.6 电力线载波通信 PLC

电力线载波通信（PLC）是一种能够将现有电网线路作为通信介质重新利用的通信技术。PLC 是通过建立一个频率远高于正常电网工频的通信信道而实现的。尽管由于电力电缆线路不是专门为通信设计的，导致 PLC 并不是一种最佳的通信方式，但 PLC 却可用于宽频应用（宽带电力线通信 BBPLC）以及窄带应用（窄带电力线通信 NBPLC）。PLC 技术设计复杂，部署费用昂贵，适用于信号衰减高的电网。而家用电器智能插头的通信技术，则是一种基于低带宽 PLC 的、可用于家庭局域网通信的技术。

6.2.7 WiFi（IEEE 802.11）

WiFi 是一种最适合家庭局域网的无线通信技术。它能够连接附近的设备（如家庭内的各种智能设备），并提供低成本的扩展选项。这项技术已经很成熟了，因此能够快速部署，灵活性较高。

6.2.8 WiMAX（IEEE 802.16）

全球微波接入互操作性技术（简称WiMAX）也是一种无线通信技术，它能支持更高的数据传输速度，最适合作为家庭局域网（HAN）内部各设备的数据通信。它的通信范围比WiFi更广，部署速度也更快。然而，WiMAX技术功耗较高，在较高的频带运行时穿透性较差，同时也容易受到安全攻击。

6.2.9 ZigBee

ZigBee是一种基于IEEE 802.15.4标准的低功耗无线局域网协议，它能够实现相邻位置节点的通信组网，如在家庭局域网中各个节点、设备的组网。由于目前市面上已有大量ZigBee认证的产品，使得该技术的部署速度变得更快了。ZigBee技术支持高达250Kbps的数据传输速率，适用于控制网络和传感器网络。ZigBee智能能源配置协议是一种适应智能能源应用的ZigBee标准，能够应用于需求侧响应、家庭能源管理等方面。

6.3 信息及通信设计案例

在进行微电网的信息及通信方案设计时，我们确定了四个主要需要关注的方面。这四方面将在以下小节中展开讨论。

6.3.1 通用的通信基础设施

设计微电网通用通信基础设施的步骤如下：

（1）基于相关容易获得的信息，为单个住宅单元、多个住宅单元、社区和广域环境制定通信技术的临时指导意见；

（2）在单个和多个住宅单元范围内开展无线测量活动；

（3）对单个和多个住宅单元的有线和无线通信网络进行干扰研究，并制定相关抗干扰的部署指南；

（4）在社区和广域环境展开测量活动；

（5）开展干扰研究，并制定广域环境下的通信网络抗干扰部署指南。

上述操作的结果有助于形成本区域微电网所需要的通信协议列表。

6.3.2 网格集成需求，标准，通信编码以及监管方面的考虑

智能微电网中关于网格集成需求、标准、代码和监管考虑等问题将在本节讨

论。具体来讲，本节旨在研究高效的传输、信息处理和网络技术及相关策略，适用于集成了多个智能微电网后、包含海量通信基础设施的配电网。研究过程包括开发、评估基于现有和新兴通信技术的传输、信息处理和网络架构的集成策略。

本节的研究建议遵循以下步骤：

（1）描绘智能微电网中不同信息类型的特征，建立他们的服务质量（QoS）参数，对它们的动态服务质量（QoS）的要求进行分类；

（2）调查分析支持智能微电网的新兴通信系统的整合要求、标准、规范和监管等问题。

基于第2章所讨论的关于基准系统的相关研究，我们推荐如下方案。

6.3.2.1 基于伯努利-高斯脉冲噪声的PLC推荐信号方案及容量选取

本节研究伯努利-高斯脉冲噪声信道的最佳信号方案和容量，以揭示脉冲噪声对电力线通信系统频谱效率的影响。首先，通过对脉冲功率远高于信号功率的实际典型场景进行演示，推导出伯努利-高斯噪声微分熵的严格近似值，继而得出PLC容量封闭区间的上下限。对比边界可知，容量随着脉冲发生率的增加而减小，同时高斯信号趋近最优方案。当脉冲功率低于信号功率时，高斯信号依然可以接近该范围内容量。当脉冲功率高于信号功率时，信道缺失对脉冲噪声信道的影响十分有效，但当脉冲功率低于信号功率时，则会导致速率损失。

6.3.2.2 研究和开发高效可靠的智能电网通信网络（Smart Grid Communication Network，SGCN）的相关网络技术

本小节研究微电网通信网络中贪婪周界无状态路由（Greedy Perimeter Stateless Routing，GPSR）和低功耗有损网络路由协议（Routing Protocol for low power and lossy networks，RPL）带来的服务质量差异性和鲁棒性问题。由于大部分智能电能表和其他微网通信设备通常安装在恶劣的户外环境中，它们可能会出现故障，或者引起设备间的无线连接的超时。这些不确定问题可能会阻碍网络连接并降低数据通信的可靠性。因此，在微电网通信网络中，主动父代交换（Proactive Parent Switching，PPS）方案可帮助RPL有效转移故障点的网络流量。

6.3.3 配电自动化

本节讨论配电自动化分布式组件，包括传感器、状态监测和故障检测设备。为实现预期目标，建议采用以下方案。

6.3.3.1 基于视在功率特征的孤岛检测

本小节提出了一种基于公共耦合点（PCC）处瞬时三相视在功率特征值的被动式的分布式发电系统孤岛效应检测方法。该方法依据瞬时视在功率分量在负载

和电源之间能连续交换的理论基础。而孤岛状态下，瞬时视在功率会产生瞬态高频分量。因此，这些高频分量包含能够识别孤岛状态的特征信息。当瞬态高频分量应用于瞬时视在功率的 dq 轴分量时，可使用小波包变换（Wavelet Packet Transform，WPT）进行提取。

6.3.3.2 变电站中的 ZigBee 平台

ZigBee 无线平台是一种经济高效的无线网络系统，近年来常被用于监测变电站中的各类设备。由于采用扩频技术，该系统具有一些固有的抗干扰能力，然而局部放电（Partial discharge，PD）引起的脉冲噪声持续时间短、能量含量高，会击穿电介质，从而降低 ZigBee 节点的通信质量。根据脉冲噪声对 ZigBee 2.4GHz 以及 915MHz 频带的影响评估，同时部署 ZigBee 和遥测时应优先考虑 915MHz 频带。

6.3.4 集成数据管理和门户

本小节介绍了一种基于多代理的电压-无功优化引擎。多代理系统（Multi-Agent Systems，MASs）是包含智能硬件和软件代理的分布式网络，网络内各代理协同工作以实现全局目标，多代理系统将电力系统的本地视图分配给每个代理，使一组代理能够控制广泛分布的电力系统设施。在实施电压-无功优化方案时，建议使用 IEC 61850 等协议。在收集数据阶段，可以使用先进的计量基础设施（Advanced Metering Infrastructure，AMI）。在对 AMI 数据进行分解时，可采用基于有功功率和无功功率的整数多目标优化方法，并利用经过设备依赖规则调整后的概率匹配进行分类。

7

电力与通信系统

本章通过集成第 2～5 章中提出的方法来实现建模。完整的微电网呈现出多维分层结构，该结构源自智能电网架构模型，构成模型的五个层级如图 7-1 所示。第 6 章中定义的通信层将被应用在微电网的多层模型中的各通信实例中。整体微电网建模方法具体流程如图 7-2 所示。本章完成模型搭建后，通过算例仿真进行验证。

在图 7-1 中，物理层或电源层是微电网拓扑结构中客观存在的层级。该层中包含连接分布式能源（DERs）的所有连接信息，线路阻抗和长度等网络参数信息以及公共耦合点（PCC）的位置信息。

测量层包含物理层组件上的所有监测（运行）数据，包括节点电压、馈线电流和网络频率。另外，测量层还包括安装在物理系统上进行数据采集的估算器和测量单元。

保护层汇集测量层上传的数据，是抵御网络异常的第一道防线。该层通过监视和分析测量层接收的数据，决定连接或断开物理层组件连接。

数据通过保护层就会到达功能层。功能层负责同时对每个设备或多个设备进行操作控制。另外，功能层还负责跟踪从上级层级获得的功率参考，或由本地控制（如跌落曲线）生成的功率参考。例如，保证微电网稳定运行的控制协调方案就是在本层生成。

最顶层是能源管理系统（Energy Management System，EMS）层。该层通过与电力系统（Electric Power System，EPS）能源市场进行通信实现优化决策，以确保微电网经济优化运行。该层的应用实例即为机组的经济组合和经济调度方案。

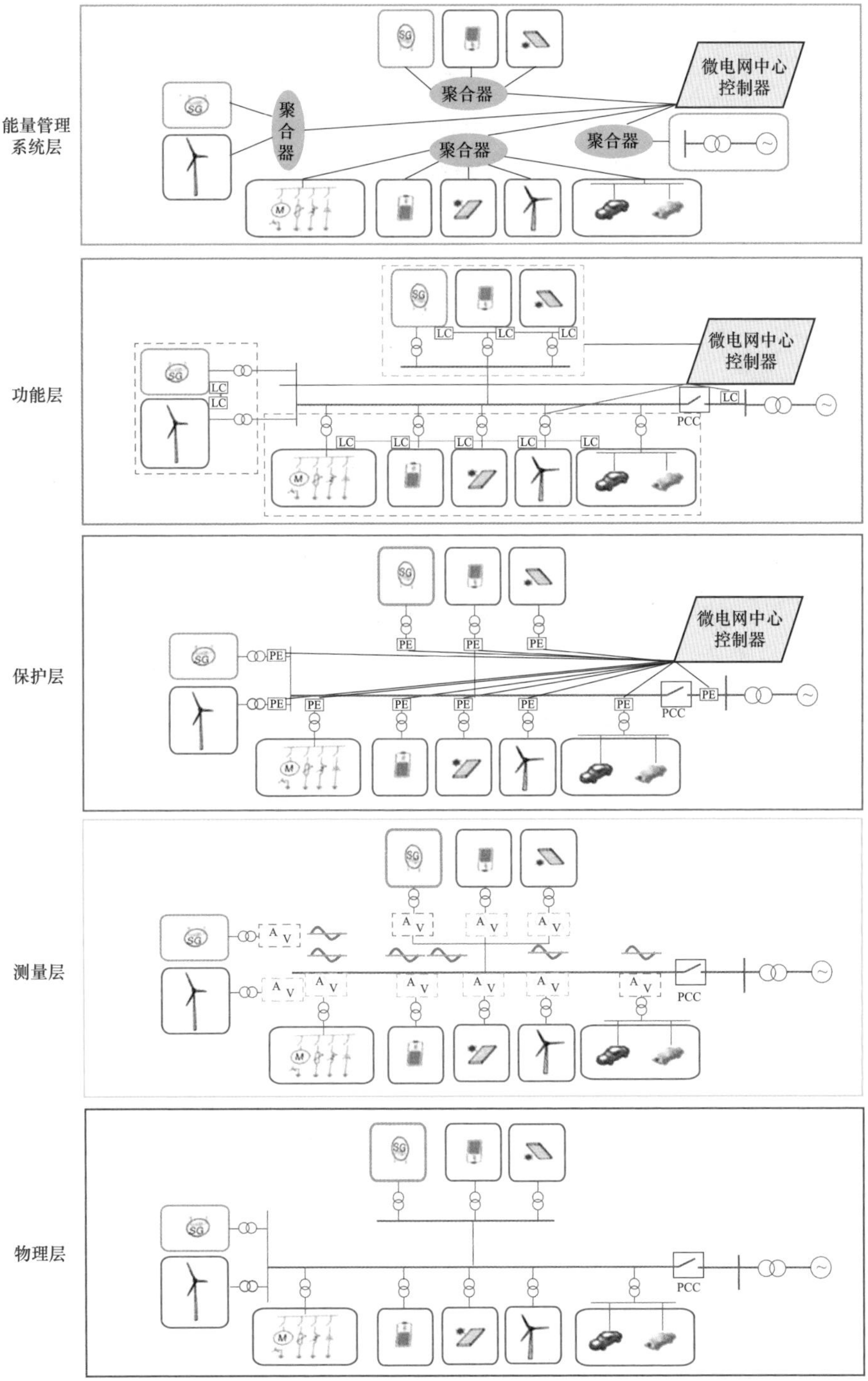

能量管理系统层

功能层

保护层

测量层

物理层

图 7-1　能量与通信组合模型

（LC：局部控制器，PE：保护元件，SG：同步发电机）

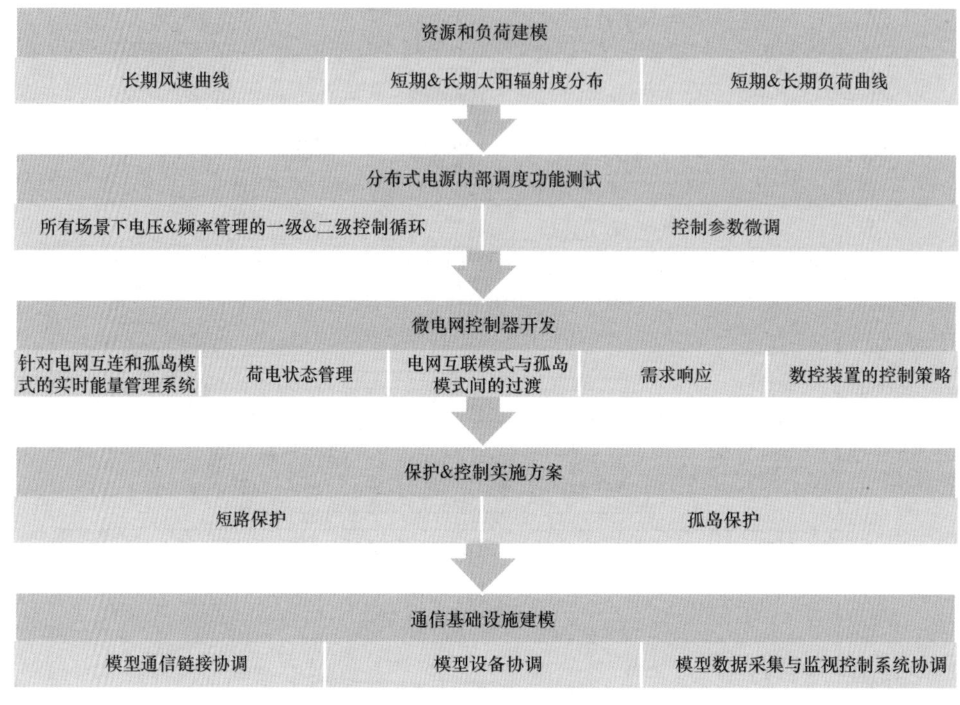

图 7-2　微电网建模方法

采用 IEC 61850 标准的实时系统实例

IEC 61850 标准最初被应用于规范多个制造商的智能电子设备（Intelligent Electronic Devices，IED）之间的互操作性并简化调试过程。由于该协议具有实时性，同时在面向对象的通用变电站事件（Generic Object-Oriented Substation Event，GOOSE）时具有低延迟性（最大 4ms），故在配电自动化领域受到关注。该标准允许设备之间的通信，其中针对通用变电站事件（Generic Substation E-vents，GSE）服务的点对点模型可用于 IED 之间快速可靠的通信。GOOSE 允许广域局域网（LAN）的组播消息。基于的发布者/订阅者机制的 GOOSE 消息提供了实时可靠的数据交换。

实时硬件在环（Hardware-in-the-loop，HIL）设置包含一个实时模拟器（Real-time Simulator，RTS），并使用 IEC 61850 GOOSE 消息协议进行通信。整体系统如图 7-3 所示。一个模拟器内核用于模拟网络和 DER，而第二个内核用数字控制器作为微电网控制器。RTS 根据定义 IED 配置和通信的变电站配置语言（Substation Configuration Language，SCL）文件，提供了发布和订阅 GOOSE

消息的接口。另外，RTS还提供了一个主机接口，用户可以通过该接口监控实时波形，并在需要时将新设置传递到实时模型。

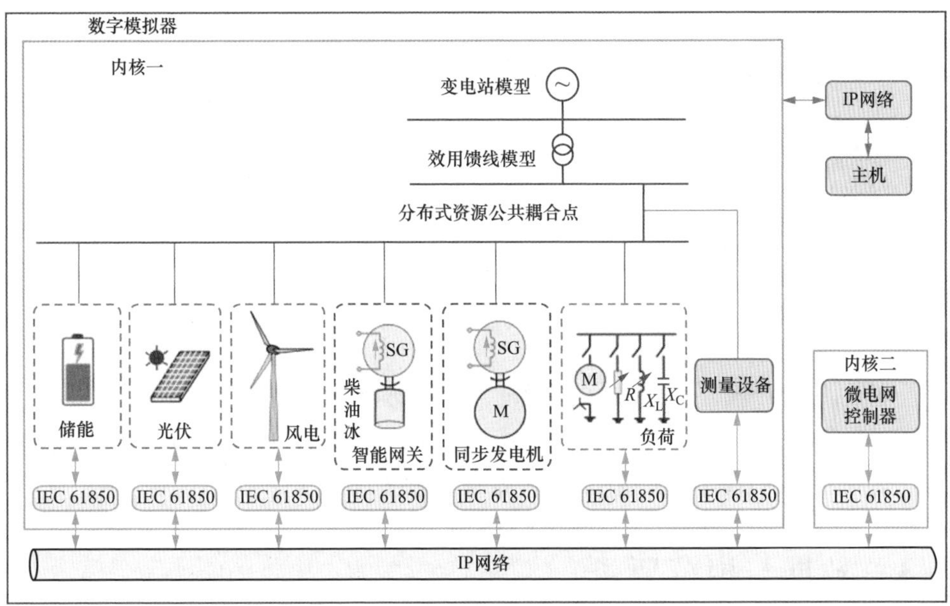

图 7-3　实时仿真系统配置

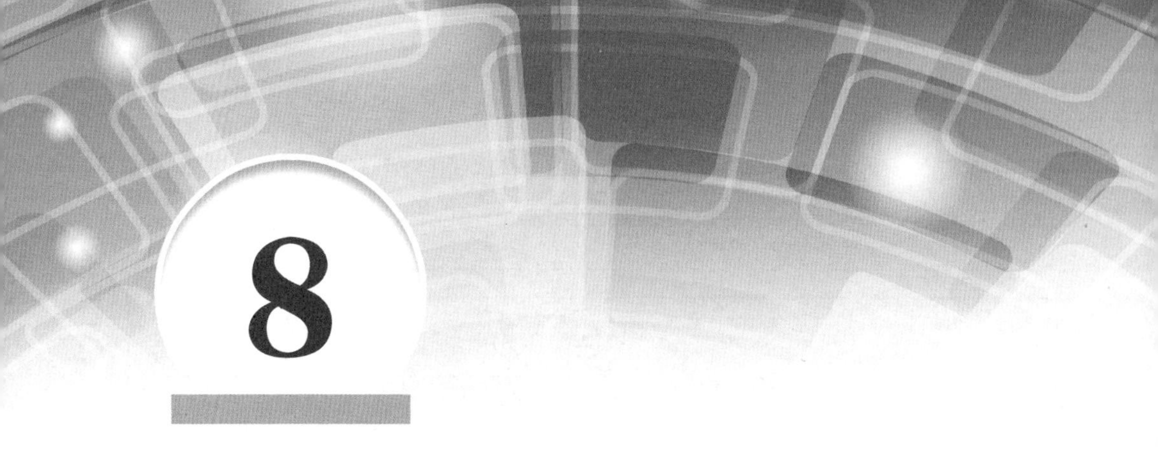

系统研究与需求

本章将多组件的建模与验证以及前几章中所讨论的控制与通信方案的验证与实现相结合，提供了数据规范与处理需求、设计标准、所需的系统研究和适用标准以支持第一章中提出的设计方法来实现微电网。

8.1　数据与规范要求

在微电网中，必须定义命令和控制信号在整个网络中的有效通信的数据结构和需求，有效通信的数据结构和需求是非常必要的。

在微电网中，必须定义数据结构和整个行动网络命令和控制信号的高效沟通。图 8-1 显示了微电网对电力系统（EPS）影响的模拟和设计评估的推荐数据与规格需求架构。图 8-1 中的数据架构主要模块解释如下。

模块 1　配电网络模型：在本模块中，配电系统在仿真系统中建模。对于采矿、偏远社区和校园等不同的区域将会有不同的微电网配置。此模型所需要的数据有母线、断路器、变压器、发电机、电缆、分支线、负载、公共开关设备和保护装置。还需要保护装置的拓展数据，例如保险丝、过流保护器、重合刀闸、定向电流传感器。

模块 2　微电网 DERs（分布式能源）：分布式能源（DERs）渗透率可以代表研究中的一个变量，用于量化和限定微电网的影响。然而，若对不同的电力系统进行分析，了解和预测目前运行的典型的分布式能源（DERs）是十分重要的。

这需要了解以下内容：

(1) 面对不同发电模式（光伏（PV）、组合热电能（CHP）、氢能、生物质能、风电等）与不同水平年（例如 2018 年、2020 年、2030 年）的全渗透率。

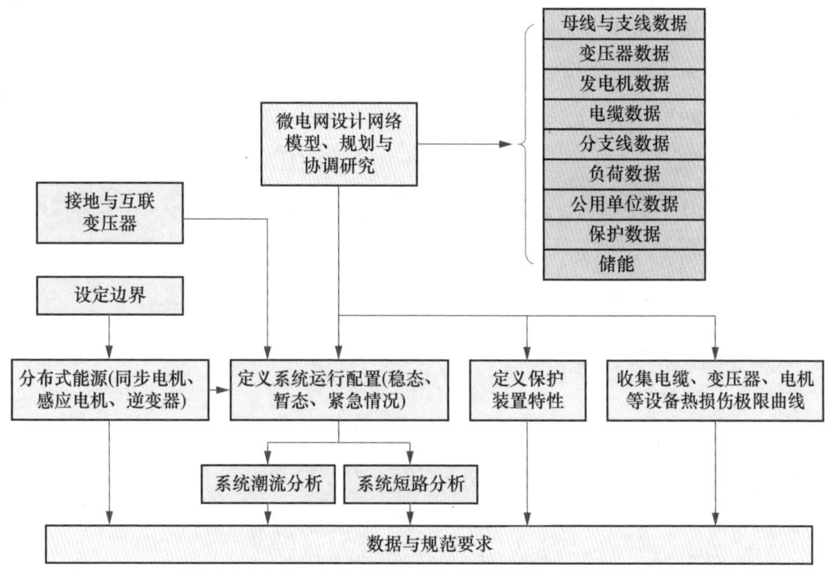

图 8-1　协调规划和设计的推荐数据和规格要求

(2) 面对不同发电模式和场景，每个互联的渗透率水平。

(3) 发电技术电压等级分布比例（例如 CHP：80%低压，15%中压，5%高压）。

(4) 夏季、冬季、春秋季与典型工作日、周六、周日的每小时典型标准发电数据。

(5) 燃料消耗数据、基于发电效率以及市场上平均机组其他特性的推测。

模块 3　系统运行配置：在该模块中，定义了多种网络运行配置。包括了常规、暂时与紧急运行配置。该模型可以由以下方式进行配置：①添加分布式发电机（DGs）；②修改互联变压器的矢量组或是接地模式。

模块 4　保护设备特征。在该模块中，确定了系统中保护设备特征并将时序特性（TCC）编写到仿真程序数据库中。保护装置数据包括：电流分接范围、时间刻度范围、确定的延时范围、瞬时跳闸范围。

模块 5　装置热边界。在该模块中，收集了系统中各种设备（包括电缆、变压器、电机）的热损伤极限特性（例如 I^2t 曲线）。

模块 6　接地与互联变压器。分布式发电机可以使用以下矢量组建模：Dd（三角形接线）、Dyn（三角形-星形带中性线接线）、Yd（星形-三角形接线）、Ynd（星形带中性线-三角形接线）、Ynyn（星形带中性线-星形带中性线连接）。

模块 7　负荷潮流分析。在该模块中，系统中的负荷潮流根据模块 2 和模块 3 定义的每个系统配置进行计算。根据负载电流数据与设备固定负载状态确定各种保护装置的传感器最低设置。

模块 8　短路分析。在该模块中，计算了系统短路电流。计算满足以下条件的系统中各位置的电流水平：①最大和最小单相/三相短路电流；②最大和最小中断占空比三相短路电流；③最大和最小接地故障电流。

除上述模块所需的数据之外，还需要以下特征数据进行微电网设计的损耗与经济性分析。所需要的数据可以分类为：①拓扑结构相关；②需求相关；③经济/环境相关特性。以上特征数据将在后续小节中进一步阐述。

8.1.1　拓扑结构相关特征

微电网与电路连接的拓扑结构信息是十分重要的。对于不同电压等级，有单线图、次级传输线、配电线、变压器、重合刀闸和分段器。此外，网络特性和设备的数据和规格要求如下：

(1) 互联变压器（对于每个电压等级的每个模块）。

1) 额定电压、功率和负载；

2) 有功功率损耗；

3) 分支阻抗；

4) 电压调节（带负载或无载转换开关）；

5) 全母线电压上下限；

6) 机械损伤与热损伤曲线。

(2) 支线。

1) 地下电缆（UG）、架空线（OH）与混合线（MX）；

2) 特征：截面积（mm^2），电阻与电抗（Ω/km），容量（MVA）；

3) 对于每个电压等级每个代表模块中的每个电路：截面（mm^2）；电路类型（架空线、混合线、地下电缆（机组组合））；长度、连接到每个电路的负载率与负载特性；沿馈线的负载分布；每个电路的功率因素。

(3) 网络运行。

1) 电路环、网状、(开) 环末端的最大/最小电压；

2) 损耗：不同网络等级的平均损耗水平、不同电压等级的故障水平(MVA)。

8.1.2　需求相关特征

为了分析微电网实际运行特征，运行基于与潜在用户相似的典型负荷分布的仿真是十分有必要的。因此，需要以下负荷信息：

（1）典型的用户群体（视具体国家而定），如住宅（有/无电加热）、工业、商业和农业。

（2）典型归一化后多样性负荷配置，冬季、夏季和春秋季节的工作日、周六和周日均为1小时平均值。

（3）典型网络互联中的基本负荷依照总峰值负荷计算。

（4）电压等级间总体负载分布与每个电压等级在不同用户类型之间的负载率分布。

（5）预测负荷增长率（%/年）。

8.1.3 经济与环境相关特征

为了解决经济与环境相关的问题，下列信息是必要的：

（1）资本设备成本（电缆、线路、变压器、新开关板）；

（2）不同电压等级有功电费和无功电费；

（3）不同电压等级无功补偿（吸收和产生）费用；

（4）所需通信基础设施实施成本；

（5）包括电源联合运行而节省的一次能源在内的环境分析，或由于配电网络有功损耗而减少的二氧化碳排放量。

8.2 微电网规划标准

定义微电网规划标准是十分重要的，图8-2总结了定义设计标准的推荐领域。下面的小节将介绍和解释这些标准。

8.2.1 可靠性和弹性

无论是在实际上还是计划建成的，微电网的总体可靠性（充分性和安全性）与区域电力系统都是为了确保其符合所采用的规划条件，并同时满足规划标准。微电网则有额外的要求：弹性，即系统从故障或扰动中快速自我恢复的能力。因此，根据可靠性和弹性的要求，在与区域电力系统互联、恢复设备、待安装分布式资源的规模和类型等方面，微电网的设计也会有所不同。

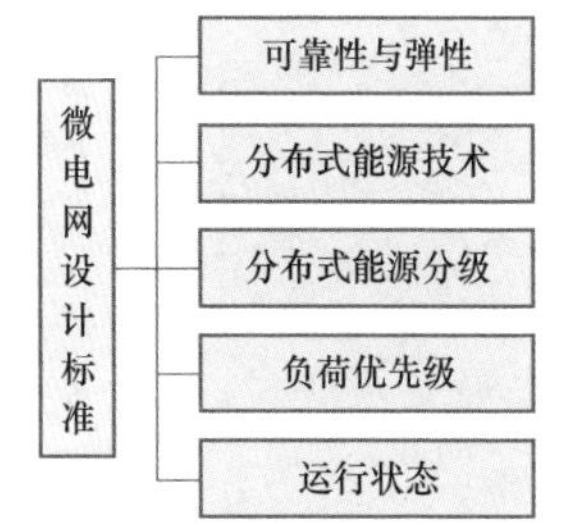

图8-2 微电网设计标准

本文建议采用以下小节中的步骤来提高微电网的可靠性和弹性。

8.2.1.1 可靠性

（1）在停电的情况下，为关键负荷提供备用发电资源（DERs 分布式能源或是电力储能系统）；

（2）设计和部署自动减载等补救措施，在供应不足的情况下切除非关键负荷；

（3）安装微电网中央控制器（MCC）以协调微电网的运行。

8.2.1.2 弹性

（1）定义互连操作规则，确保孤岛和并网方式下微电网的互联；

（2）开发恢复优先级工具；

（3）安装智能开关技术，允许其从备用电源自动恢复。

8.2.2 分布式能源技术

微电网在住宅、商业和工业部门的发展可以有许多可能的配置和控制结构，这取决于可用的分布式能源技术及其相关的智能设备和控制设备。分布式发电机（DG）和储能技术在内的分布式能源技术（DERs），可用于在电力中断期间确保关键负荷的安全。校园内的微电网分布式能源包括：太阳能光伏、柴油发电机、微型涡轮机、燃料电池和储能技术。图 8-3 显示了不同分布式能源技术的全球标准化能耗成本。

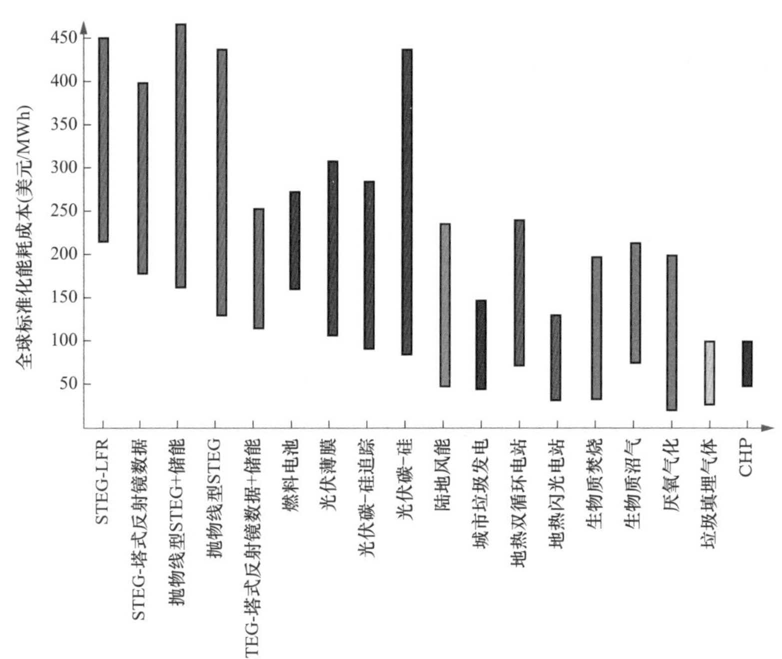

图 8-3 不同分布式能源技术的全球标准化能耗成本

主要分布式能源技术将在后续小节中讨论。

8.2.2.1 电力储能系统

电力储能系统有多种形式，但只有电池和飞轮储能因其快速响应能力在市场上具有实际应用价值。分布式能源和区域电力系统可以为电力储能系统供电。在规划电力储能系统时，需考虑以下因素：

（1）储能装置的指定与分级（包括电池）；

（2）蓄电池的安全运行；

（3）蓄电池生命周期的分析；

（4）电力电子接口设计；

（5）控制和保护系统的规范与试验。

图 8-4 显示了不同能源存储方式的每千瓦时平均成本估算比较。最便宜的存储选择是压缩空气储能（CAES），但其最大增速和加工效率太低。然而，最昂贵的锂离子电池却能提供更高的效率和高响应速率的存储。

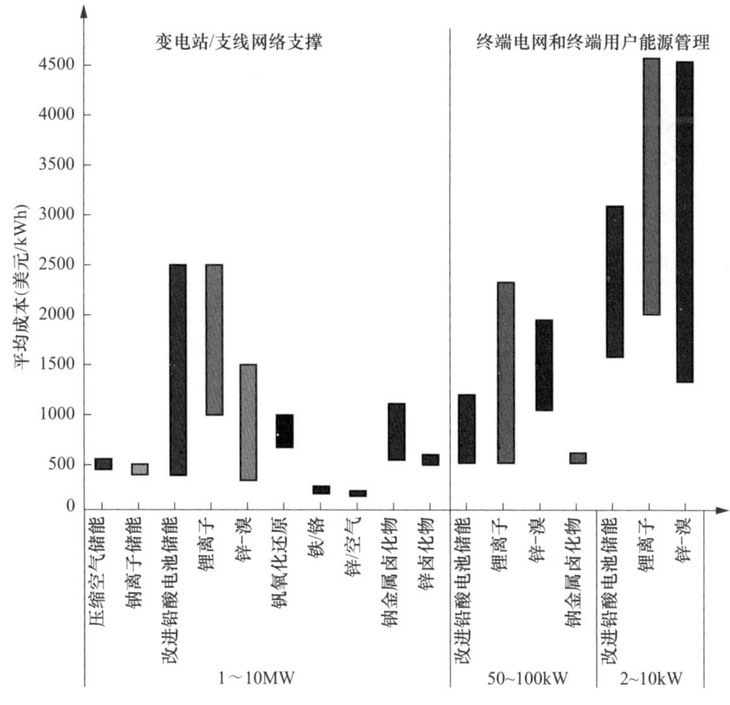

图 8-4 不同能源存储方式的每千瓦时平均成本估算比较

8.2.2.2 光伏

太阳能光伏系统从太阳中提取能量，并直接将太阳能转化为电能，为提取最便宜的能源形式提供了机会，使得最经济性的能源提取成为可能。

在微电网中安装光伏系统时，必须考虑以下因素：

（1）太阳能发电厂的设计、布局及并网。

（2）电力电子接口设计。

（3）控制和保护系统的规范与试验。

8.2.2.3 风能

风力涡轮机系统从风中提取能量，并通过电磁换能器将风力动能转换为电能。在微电网中安装风力系统时，必须考虑以下因素：

（1）可靠性、可用性、可维护性和性能评估。

（2）风电场与电网的连接。

（3）风电场出力监测与传感及能源预测。

（4）农场系统的收集器设计。

（5）消纳装置能效设计的指导原则和性能。

（6）分配准则和性能标准。

（7）系统能源效率。

（8）碳排放带来的环境冲击。

根据各种分布式能源技术的成本、效率和发展历程，可确定同时满足效益最大化与负荷需求的最佳技术。效益可以从成本、环境福利、能源节约等方面进行量化。该分析有助于解决与创建微电网的经济和技术有关的问题，包括与主电网连接的公用事业监管要求在内的主电网的相互作用、能源管理和需求响应在内的微电网服务、负荷相关的能源以及供应安全。成本效益分析方法如图 8-5 所示。

8.2.3 分布式能源分级

微电网中分布式能源的分级对于关键负荷的供应十分重要，尤其是其孤岛运行时。为了满足微电网的设计标准（成本最小化、效率最大化、碳排放最小化等），分布式能源需要合理分级。本节将介绍一种最佳分级方法。该方法在保证低功耗概率与全生命周期成本最小化的前提下，确定了孤岛运行微电网的最优组件尺寸。该方法还考虑了利用基于年份的时序模拟和基于枚举的迭代技术预测风速、太阳辐照剖面的日变化与季节变化。所使用的数学模型能够考虑非线性特性和无功功率。功耗概率（LPSP）是根据实际功率和无功功率的供需平衡而制定的。该分级方法确定了全局最小值，同时提供了最优的组件尺寸和电源管理策略。

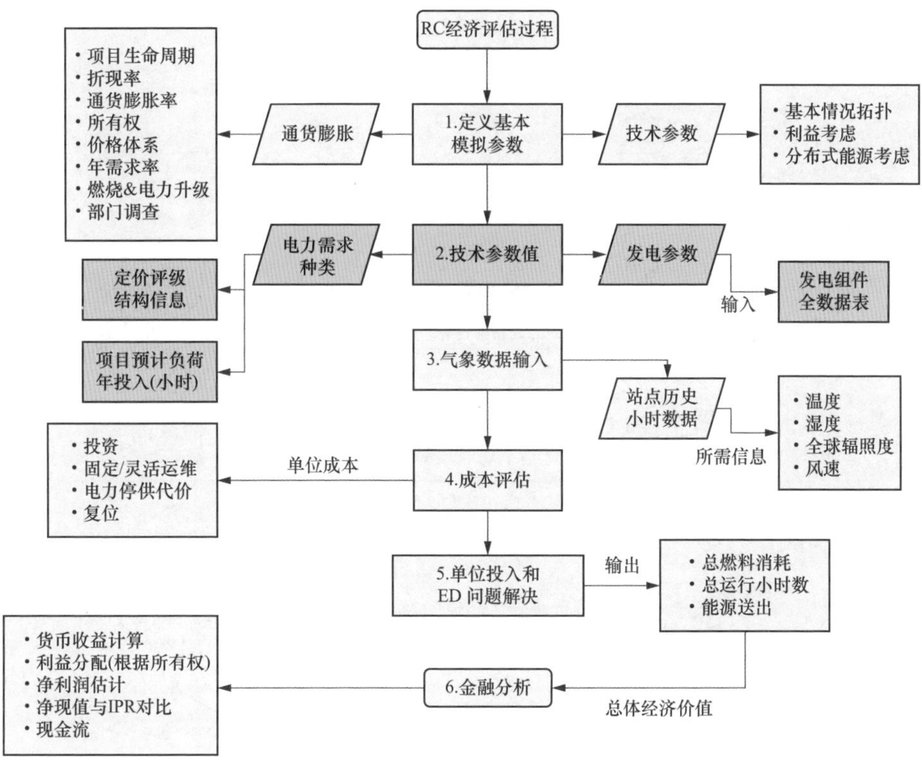

图 8-5　成本效益分析方法流程图

该方法的实施框图如图 8-6 所示。首先指定决策变量元素（所需微电网组件大小）的初始值、最终值和步长，然后从天气数据或模型中获取每小时风速和每小时太阳照射强度，最后，优化模型的决策变量为：WPS 的额定功率 P_{rat}^{w}；PVS 的额定功率 P_{rat}^{pv}；充能额定功率 P_{rat}；DGS 的额定功率 S_{rat}^{di}；电池储能系统（BESS）变换器的额定功率 S_{rat}^{con}；以及电池组的额定容量 E_{rat}^{b}。

8.2.4　负荷优先排序

在微电网中，负荷大致分为重要负荷和非重要负荷，因此，需要根据其重要性和功能进行优先排序。分布式能源的最小发电量应恰好满足重要负荷的需求。在此情况下，部分非重要负荷需要通过降低频率或降低电压来实现负荷自主切除。额外的断路器安装允许负荷根据优先级切除或连接。

另外，负荷可以按类型分类，例如照明负荷、供暖、通风和空调（HVAC）负荷和插头负荷。为了允许负荷按自身类型断开或连接，必须在建筑物一级（即断路器）上重新配置和布线。

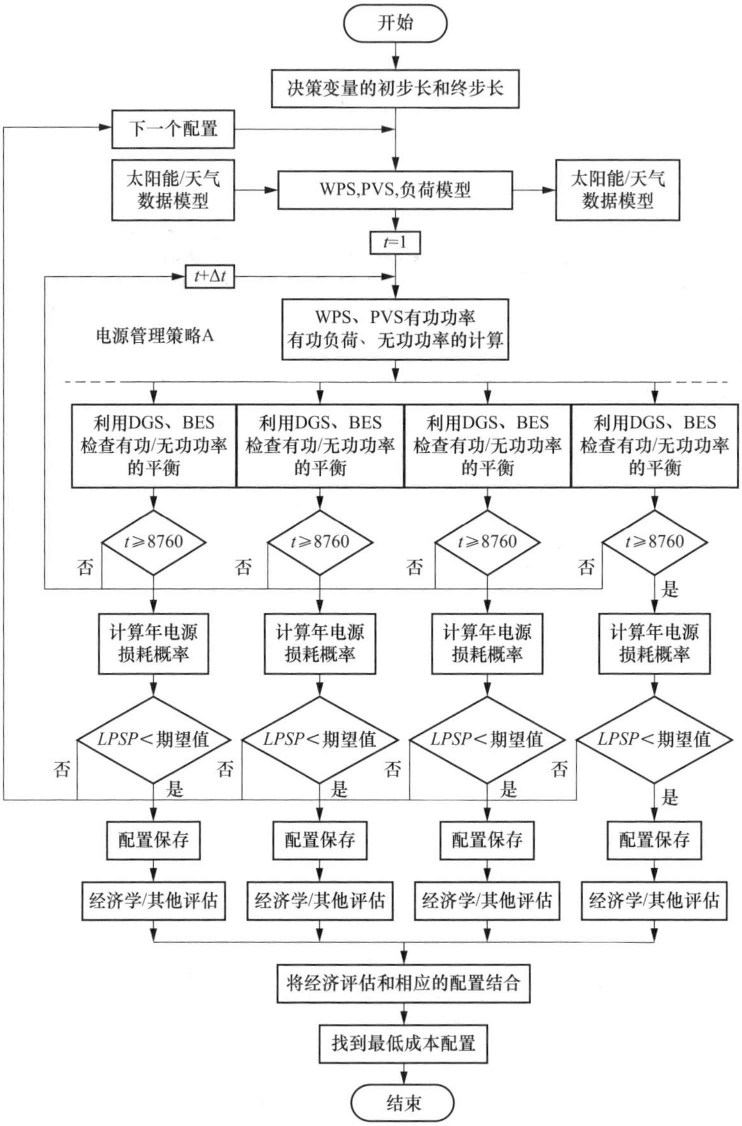

开始
决策变量的初步长和终步长
下一个配置
太阳能/天气数据模型
WPS,PVS,负荷模型
太阳能/天气数据模型
t=1
$t+\Delta t$
电源管理策略A
WPS、PVS有功功率
有功负荷、无功功率的计算
利用DGS、BES检查有功/无功功率的平衡
$t \geq 8760$
否
是
计算年电源损耗概率
$LPSP<$期望值
否
是
配置保存
经济学/其他评估
将经济评估和相应的配置结合
找到最低成本配置
结束

图 8-6　孤岛微网格优化尺寸（IMG）方法

8.2.5　微电网运行状态

微电网一般有并网状态、向孤岛运行状态过渡、孤岛运行状态、重新接入电网四种运行状态。下面的小节将解释每种状态及其相关的操作规则。

8.2.5.1　并网模式

并网模式即共耦点与区域 EPS 相连。在这种运行模式下，微电网中的分布

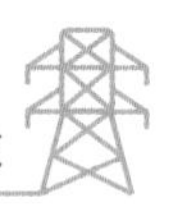

式能源（DERs）必须与 EPS 同步。在一些商业案例中，例如偏远的矿业社区和军事基地，这种运作方式是不存在的。该运行方式的运行规则如下：

（1）不应有电力中断或负荷切除。

（2）所有分布式能源（DERs）都应按照 IEEE 1547^{TM}标准运行。

（3）确保可再生能源（例如光伏）的高消纳率。

（4）对于分布式发电机和电池储能系统，这些 DERs 可以用于减少高峰需求，以避免高峰时段的高电价。

（5）在大多数情况下，柴油发电机在给定的年份中用于调峰的运行的小时数是有限制的，因此，规划发电机的运行时间，使其调峰效益最大化十分重要。

（6）对于储能，制定储能单元的充放电计划，使其利用效率最大化。

（7）需求侧响应，例如改变暖通空调温度用于减少额外的峰值需求。

（8）保护装置的协调保持。

8.2.5.2 孤岛模式转换

到孤岛模式的转换可以是一个常规事件，例如消费侧客户由于恶劣天气而切断与电网的联系。也有可能是突发事件，例如区域低电压/低频率等。在突发事件中，从电网侧感知异常是关键，可通过以下方式实现：

（1）电压/频率监测。

（2）电流监测（大小和方向）。

（3）电力潮流监测（大小和方向）。

（4）其他如相位波动、参数变化率等。

部分设备可用于补充分布式能源（DERs）的功能，例如可能有必要抑制岛上产生的任何变化，以防止保护继电器跳闸。

8.2.5.3 孤岛运行模式

孤岛运行模式是指微电网与该区域电力系统成功断开，并在断开后立马发生了任意转变。在孤岛运行时，应遵守以下规则：

（1）孤岛运行前，每个分布式能源应符合 IEEE 1547^{TM}标准。

（2）应进行系统研究以支持孤岛运行。

（3）应进行潮流与稳定性分析防止潜在的风险。

（4）应进行研究使得本地可用的分布式能源满足重要负荷的有功和无功要求。

（5）孤岛运行模式必须维持功率稳定性并在 ANSI C84.1 标准规定的电压范围内运行。

（6）在孤岛运行中，电压调节设备需根据微电网的需求进行调整。

（7）内部分布式能源应考虑负载系数、峰值负荷、负荷形态、可靠性要求和自身可用能力，为微电网提供足够的备用裕量。

（8）为了平衡负荷和电源，应考虑各阶段的发电和负载平衡；如果负荷要求大于可用发电量，则可能需要进行负荷削减和需求侧响应。

（9）有时需要改变分布式能源的出力以匹配需求。

（10）保护装置保持协调。

（11）确保可再生能源（例如光伏）的高消纳率。

（12）所有其他基于化石燃料的分布式能源都应根据其最优顺序或微电网控制器确定的最优顺序进行操作。

8.2.5.4 并网模式转换

这种运行模式发生在该区域 EPS 再次可用并准备接受微电网重新连接时。此时必须遵守以下规则：

（1）在重新连接两个系统之前，主电网电压必须符合 ANSI C84.1 规程要求，频率范围在 59.3～60.5Hz。

（2）在系统电压和频率恢复 5 分钟后，孤岛重接设备方可重连。

（3）分布式能源必须能够调整孤岛电压和频率，使之与电网同步。

8.3 设计标准及应用指南

美国保险商实验室（UL）、美国国家标准协会（ANSI）、电气和电子工程师协会（IEEE）、国际电工委员会（IEC）、国家电气规范（NEC）和国际大型电气系统理事会（CIGRE）等组织已经发布了各种标准，适用于设计微电网的各个步骤的应用指南、技术手册等。各设计流程的相关标准如图 8-7 所示，本文给出了适用于微电网电气元件建模的标准。

8.3.1 ANSI/NEMA

—ANSI/NEMA C84.1，电力系统和设备的美国国家标准—额定电压等级（60Hz）。

—NSI/NEMA MG 1，电机和发电机标准。

8.3.2 IEEE

—IEEE Std 399™，IEEE 工业和商业电力系统分析推荐实践。

—IEEE Std 446™，IEEE 工业和商业应用应急和备用电力系统推荐规程。

—IEEE Std 519™，IEEE 关于电力系统谐波控制的推荐规程和要求。

—IEEE Std 1100™，IEEE 电子设备供电和接地推荐规程。

—IEEE Std 1547™，分布式资源与电力系统互联的 IEEE 标准。

—IEEE Std 1547.2™，支撑 IEEE Std 1547 的分布式资源与电力系统互联应用指南。

—IEEE Std 1547.3™，与电力系统互联的分布式资源监测、信息交换和控制指南。

—IEEE Std 1547.4™，分布式资源孤岛系统与电力系统的设计、运行集成指南。

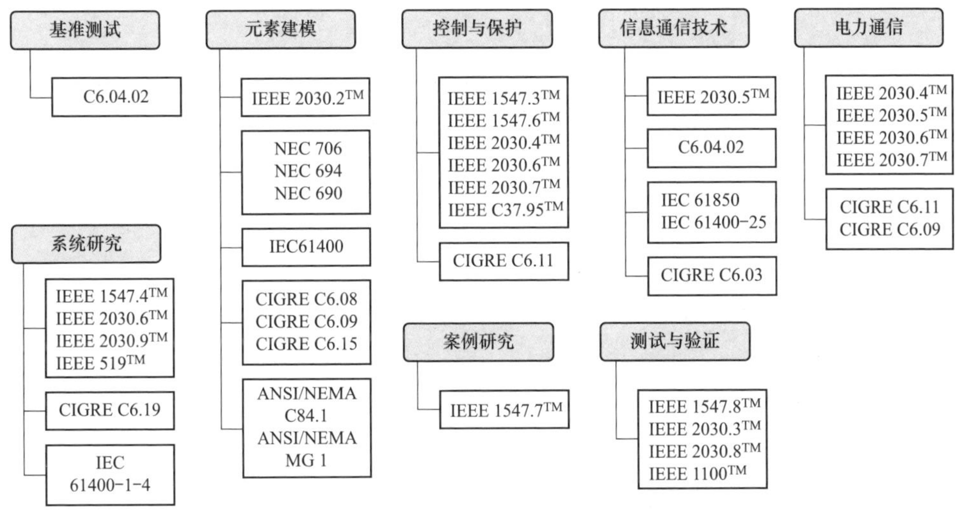

图 8-7 微电网设计步骤涉及的标准和应用指南

—IEEE Std 2030™，应用于电力基础设施的控制和自动化装置指南。

—IEEE Std 2030.2™，与电力基础设施集成的能源存储系统互操作指南。

—IEEE Std 2030.3™，储能设备与系统在电力系统中的应用的标准试验程序。

—IEEE Std 2030.5™，采用智能能源配置文件 2.0 应用协议标准。

—IEEE Std 2030.6™，电网客户需求响应效益评估指南批准草案。

—IEEE Std 2030.7™，分布式资源集成工作组/微电网控制器。

—IEEE Std 2030.8™，微电网控制器测试标准工作组。

—IEEE C37.95™，电力和消费者互联保护继电器指南。

—IEEE Std 1815.1™，贯彻 IEC 61850 与 IEEE Std 1815™（分布式网络协议- DNP3）的网络间信息交换标准草案。

8.3.3 UL

—UL1741，分布式能源的逆变器、转换器、控制器和互联系统设备标准。

8.3.4 NEC

—国家电气规范：第 705 条—互联电力电源。

—国家电气规范：第 706 条—储能系统。

—国家电气规范：第 690 条—太阳能光伏系统。

—国家电气规范：第 694 条—风能电气系统。

8.3.5 IEC

IEC/TR 61000-1-4 电磁兼容性（EMC），第 1-4 部分：频率在 2kHz 以下时，限制设备的工频传导谐波电流排放的总体历史经验依据。

IEC 60891 光伏器件：测量得到的 I-V 特性的温度与辐射程度校正程序。

IEC 61400 系列：风力涡轮机。

8.3.6 CIGRE

—技术手册 311，2007，“使用 ICT（信息和通信技术）运行分散电源”任务小组 C6.03 的最终报告。

—技术手册 450，2011，“风能发电的电网一体化”，ELECTRA 于 2011 年 2 月在任务小组 C6.08 上做的报告。

—技术手册 457，2011，“主动配电网的安全运行”，任务小组 C6.11 最终报告。

—技术手册 458，2011，“电力储能系统”，任务小组 C6.15 最终报告。

—技术手册 475，2011，“需求侧集成”，任务小组 C6.09 的最终报告。

—技术手册 575，2014，“可再生能源和分布式能源的网络集成基准系统”，任务小组 C6.04.02 的最终报告。

—技术手册 591，2014，“主动配电系统的规划和优化方法”，任务小组 C6.19 的最终报告。

—技术手册 635，2015，“微电网”，任务小组 C6.22 的第一份报告。

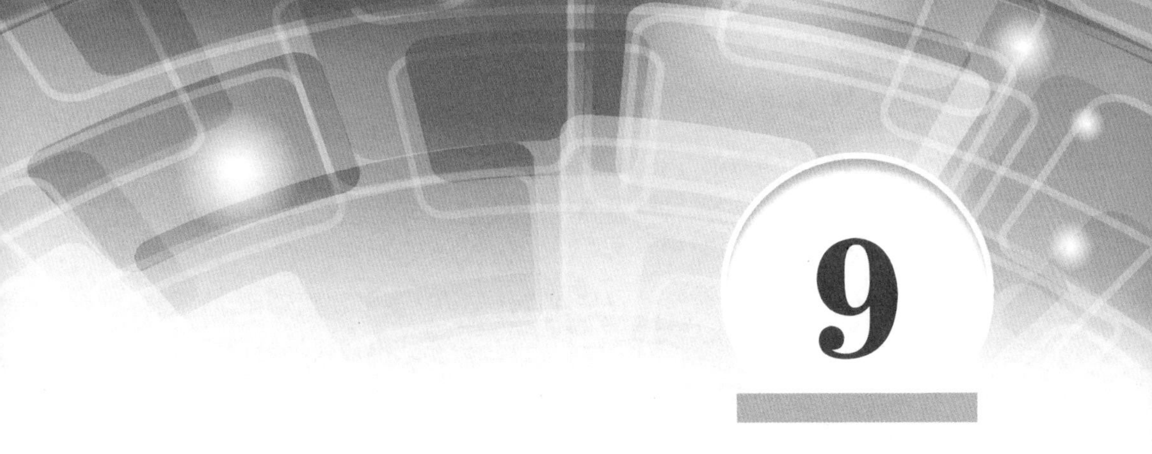

实时操作的示例研究

我们需要实例研究去分析和评估不同的微电网运行场景和突发事件、实时运行（电压和频率控制、保护、孤岛和重新连接）以及在微网内用孤岛和并网两种模式进行发电、存储和负荷的能源管理。这些研究可分为八个不同的领域，并在下面解释。

9.1 运行规划研究

在规划微电网接入时，需要认真考虑运行、规划和设计研究。在有分布式能源（DER）和间歇性可再生能源的情况下，包含了最佳潮流、机组启停、能源管理、安全性、频率控制和电压控制。在运行控制领域引起越来越多关注的新问题是车辆到电网、需求侧响应和环境影响。下文中将进行解释：

（1）负荷管理和需求侧响应。对需求侧响应的收益和影响进行量化和建模。

（2）能源管理。管理风能和光伏（PV）存储的所有微网运行模式，包括并网、孤岛模式和调度运行模式。

（3）电压控制。评估和分析分布式电源对输配电中无功电压控制的影响，包括并网和孤岛运行模式。

（4）频率控制。评估和分析分布式电源对微电网功率平衡和频率控制的影响，包括并网、孤岛、稳态、瞬态和事故减载运行模式。

（5）排放减量替代。评估可再生能源对减排量的价值。

（6）最佳电力流。在有分布式电源的情况下优化损失和成本节约。

（7）安全性。自愈网络算法。

（8）车辆到电网。评估和分析在能够提供 V2G 服务（包括为其设计的控制）

的微电网上主导电动汽车的好处。

(9) 黑启动和系统恢复。评估和分析发生区域电力系统停电情况下的黑启动和系统恢复策略。

(10) 保护协调性和选择性。评估和设计保护装置的协调动作，例如防止系统故障和事故的重合闸，包括故障电流（通过分布式电源使继电器脱敏）、故障电压（通过分布式电源提供电压支持）、接地（比较不同的策略）和继电器跳闸（分布式电源对未预测跳闸的影响）。

(11) 绝缘。协调和测试可能会给系统绝缘带来压力的过电压。

图 9-1 给出了一个频率控制示例。结果显示了具有多个分布式电源的 CIGRE 中压网络的频率和均方根电压（RMS）。案例考虑在 $t=1s$ 时系统中所有分布式电源突然断开连接，这些分布式电源贡献了总发电容量里的 2MW（占 30%）。基础曲线考虑传统的频率控制，VFC 曲线则考虑另一种基于电压的频率控制。这个结果表示了所提出频率控制的有效性。然而，频率控制是通过降低一定电压来实现的。

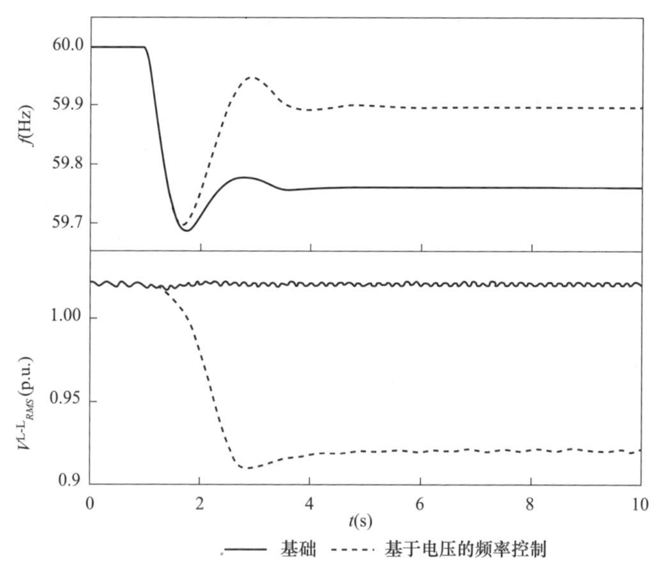

图 9-1　频率控制研究示例

9.2　经济和技术可行性研究

我们进行经济和技术可行性研究，是为了评估和验证微电网项目在设计的任何商业案例中具有经济可行性。进行这些研究时需要考虑以下组成部分：

（1）分布式电源容量标定。在满足微电网负荷（包括临界负载）要求的同时避免微电网拥塞。

（2）加强配电网。微电网互联的配电网规划。

（3）加强输电网。微电网互联的输电网规划。

（4）经济可行性。评估微电网项目的实际经济效益，包括成本效益分析。

图 9-2 和图 9-3 举例说明了经济可行性。图 9-2 给出了具有不同线性和负评估函数的分布式电源估值函数，图 9-3 显示了同一场景下合并后虚拟资源的估值函数。可行性研究是为了评估合并成虚拟资源后的每个分布式电源的运行状况（假设分布式电源可调度），以促进在微电网中达成最佳经济调度和机组组合。合并为虚拟资源的分布式电源包括区域 EPS、基于可再生能源的分布式发电（REDG）、储能充电（ESS ch）和放电系统（ESS dch）、削减负荷（Load curt）、中等柴油发电机（Diesel Med）和小型柴油发电机（Diesel Small）。

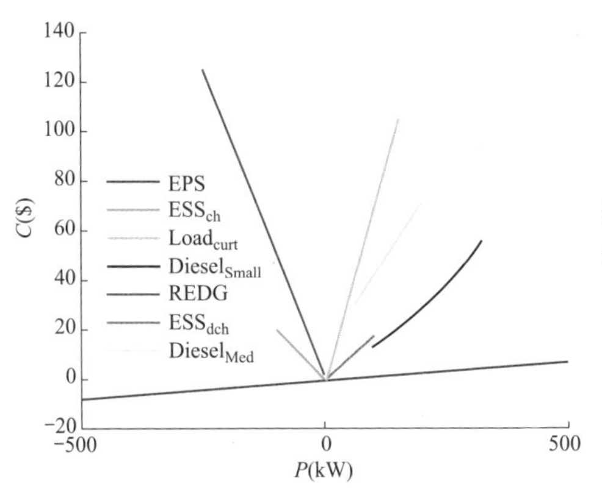

图 9-2 微电网中各个分布式电源的估值函数

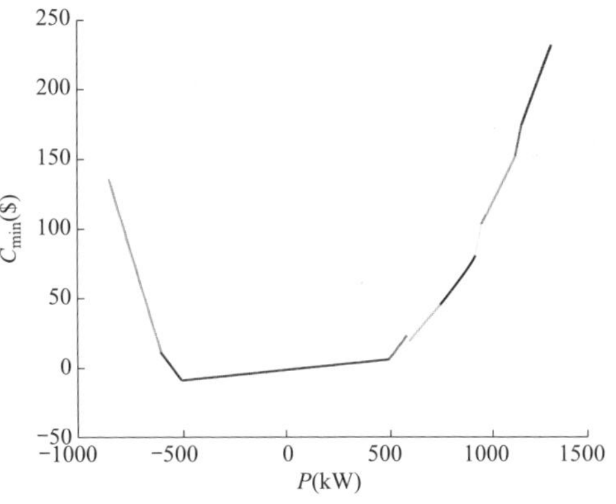

图 9-3 微电网中在特定运行状况下合并后虚拟资源的估值函数

9.3 政策及规章制度研究

我们研究分析规章制度的影响，以确保微电网符合电网区域的公用事业单位所制定的规章制度。研究包括评估规章制度、电力系统的技术监管问题和通信系统。如果法规存在，还应考虑能源和服务市场问题。例如，图 9-4 显示了针对分布式电源的与频率相关的公用事业条例，这些分布式是并入公用事业中压电网上。

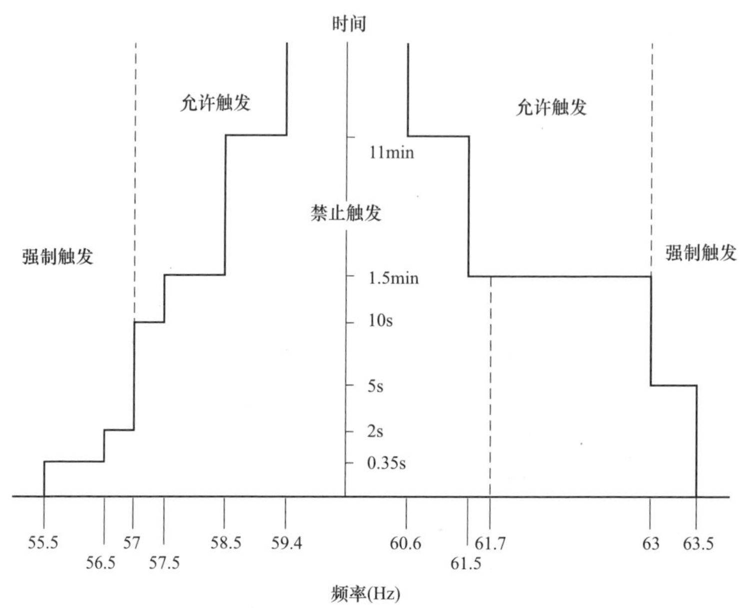

图 9-4　与频率相关的公用事业条例示例

9.4　电能质量研究

电能质量研究对于微电网来说是至关重要的，因为重要用户需要高质量电力（例如医院）作保障。除此之外，谐波、不平衡电路等因素会增加系统损耗，并可能导致保护继电器误跳闸。在此类研究中需要考虑的一些因素是：

（1）铁磁谐振。微电网中分布式电源的存在或任何瞬态事件可能会激发铁磁谐振（由于电缆电容和变压器电感而产生）。因此，需要评估和分析连接变压器的分布式电源中的铁磁谐振风险。

（2）随机波动。分布式风电的随机波动性会造成电压的周期性下降，必须将其降至最低。

（3）谐波。分布式电源对网络谐波的贡献以及减轻它们的方法。

（4）电机。提供分布式电源作为负载启动电流（例如电机）以及它如何影响保护装置和电能质量。

（5）服务中断。确定系统平均中断持续时间和频率指标。

（6）不平衡电路。单相接地和负载连接方式的影响。

（7）电压曲线。分布式电源下的无功功率管理。

针对住宅负荷的谐波研究结果如图 9-5(a)、(b) 所示。从图中可以看出，普

通家用电器吸收的电流中存在各种谐波和次谐波。由于谐波会增加无功功率需求，降低负荷功率因数。因此谐波研究是非常必要的。谐波也会导致更高的电流，从而导致更大的损失。

(a)

(b)

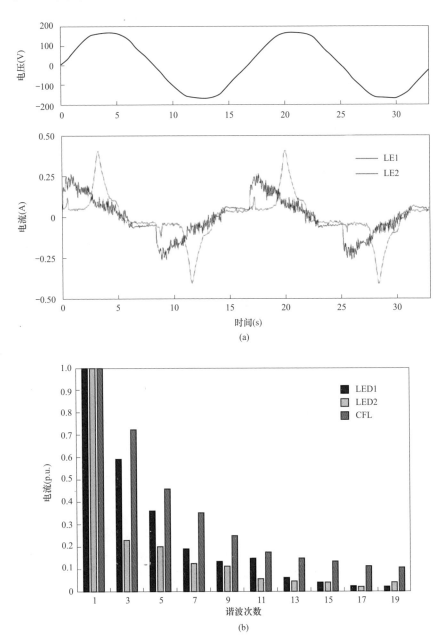

图 9-5 普通家庭负荷的谐波研究

(a) 两种商用 LED 灯的输出电压和输入电流波形；(b) 市售 LED 和 CFL 灯的频谱

9.5 稳定性研究

在稳定性研究中，设计人员需要考虑增加系统不稳定性的因素，例如电压崩溃、频率不稳定性、低频功率振荡等。在进行稳定性研究时必须考虑以下因素：

（1）孤岛运行。通过受控孤岛增强稳定性。

（2）低电压穿越。评估低电压穿越（LVRT）曲线对系统稳定性的影响。

（3）小信号功角稳定性。源荷长电缆连接的网络中的功角稳定性。

（4）稳定器设计。在实时硬件回路仿真（HIL）中测试分布式发电（DG）的稳定器。

（5）瞬态稳定性。评估受到大扰动下分布式电源的响应。

（6）电压稳定性。电压跌落评估。

具有稳定器设计的稳定分析研究结果如图 9-6 和图 9-7 所示。图 9-7 显示了随着 m 值的增加，CIGRE 北美中压网络的主要特征值的变化轨迹。在图中，m 值表示电子耦合分布式能源（EC-DER）的有功功率增益。稳定性分析提出了基于 EC-DER 的稳定方案。图 9-6(a)、(b) 显示了施加扰动后分布式电源的有功功率和无功功率。研究表明，尽管受到干扰，上述稳定控制方案可以稳定系统。但是，前提假定 EC-DER 在直流链路上具有理想直流（DC）电压源。

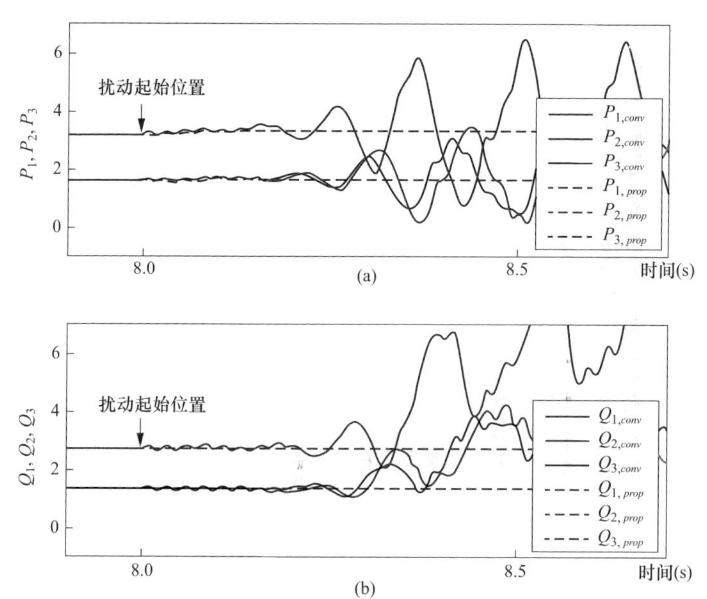

图 9-6 下垂控制和具有高增益比例的传统下垂控制方法下的分布式电源响应

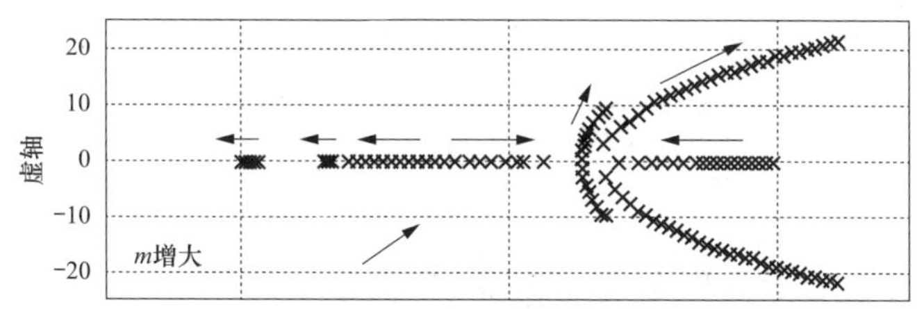

图 9-7 具有下垂增益的三种分布式电源系统的主要特征值轨迹

其中，$2<m_1<30\text{rad/s/MW}$，$m_2=m_3=2m_1$，m_1、m_2 和 m_3 分别是三种分布式电源 DER_1、DER_2 和 DER_3 的下降增益。

9.6 微电网设计研究

微电网设计研究涉及评估微电网在所有运行模式下的技术可行性。这涉及到实际系统的参数识别以适应模型。需要以下研究（与其他研究有重叠）：

（1）建模。分布式电源、网络和微网控制的参数识别。确定建模、仿真和软件需求来进行研究。

（2）保护、控制和监测研究。规划保护措施、设计控制策略、孤岛/重连管理以及与现有配电自动化的兼容性。

（3）储能研究。制定微网中储能系统的规模和规划。

（4）辅助服务。评估有功和无功功率相关辅助服务的技术经济影响。

（5）微电网影响研究。环境影响、市场影响、配电网影响。

这里提供了一个保护研究的例子。众所周知，同步发电机会向故障点输送大电流，从而增加保护协调的难度；特别是它的过电流保护元件。图9-8显示了不

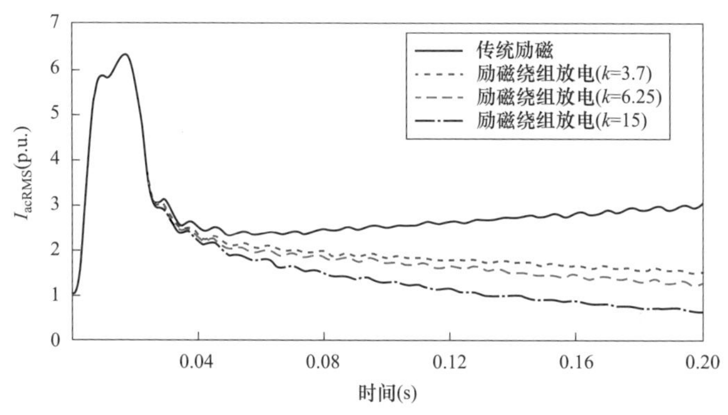

图 9-8 馈入故障点的同步发电机输出电流的均方根交流分量

同的 k 值下，发生故障时同步发电机输出电流的均方根交流分量。k 值定义为放电电路总电阻与场电阻之比。可以看出，除传统励磁情况外，所有情况下输出电流均减小。这是通过在故障期间有意使励磁绕组放电来降低发电机输出电流的。

9.7 通信和 SCADA 系统研究

通信系统研究需要评估和分析所采用通信系统的有效性及其对监控和数据采集（SCADA）的影响，同时遵守微电网的其他设计参数。此类研究需要考虑以下因素：

（1）通信规范。确定 SCADA 策略所需的要求和规范。

（2）电网整合。确定所需通信基础设施与微电网集成的要求及其对其运行控制的影响。

（3）网络安全。评估网络攻击对通信系统以及微网运行控制的影响。

下面介绍一个网络安全研究的例子。图 9-9 显示了在对通信系统进行持续性假数据注入攻击后，系统在各种情况下的频率。假数据注入攻击是指攻击者错误地注入控制信号，这里指的是一个低频减载信号，可发送到任何电网，在这里是一个储能系统。图 9-9 显示，如果不采用补救方案，系统频率开始违反规章制度设定的限制，而在采用补救方案时，系统频率仍保持在限制范围内。尽管有补救方案，但仍需通过网络安全措施来解决假数据注入攻击问题。

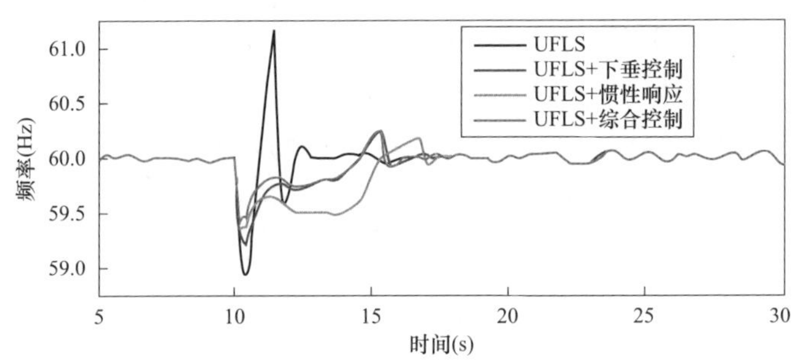

图 9-9　持续的假数据注入攻击的频率响应

9.8 测试和评估研究

一旦执行所有实验来验证、修改和最终确定微电网设计方案，这涉及到测试和评估完整系统。用于实时测试的最新工具是实时模拟器（RTS），它可以在尽

可能还原真实世界的条件下模拟系统并测试其控制策略。具有硬件在环功能的实时模拟器允许测试实际投入使用的设备，例如继电器、能源管理系统等，其余微电网模型在实时模拟器中模拟。

在公用微电网中测试了孤岛模式和并网模式之间的转换。当发出重新同步信号时，电力系统与微电网的电压相位角之差为 150°，如图 9-10(a) 所示。然后同步发电机会修改其相位角以与电网电压同步，如图 9-10(b) 所示。

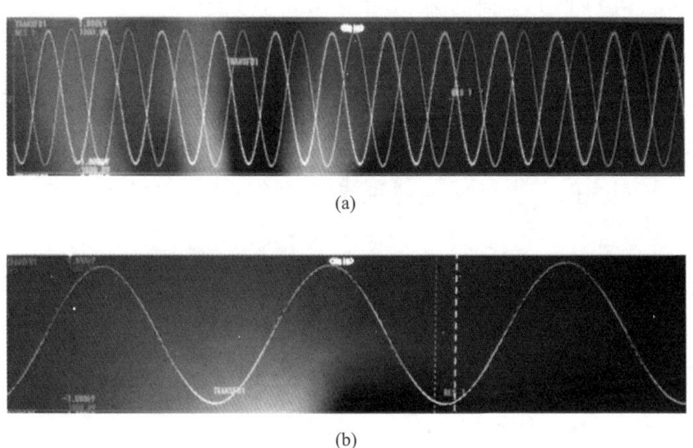

图 9-10　微电网中（a）孤岛模式和（b）并网模式之间的转换

（a）孤岛模式；（b）并网模式

9.9　示例研究

可以进行多项研究来了解集成不同分布式电源技术对微电网性能的影响，并验证选取的控制策略在孤岛和并网两种模式下的鲁棒性，以及两种模式之间的转换。并网和孤岛模式下的影响研究样本如下：

（1）并网运行期间突然倒负荷的影响。在这种情况下，任何给定变电站的负荷在某一瞬间突然增加 100%。在并网模式下，“突然”是指负荷或发电侧的任何变化由区域电网补偿，而不是由电池站或分布式电源侧补偿。

（2）并网运行期间对预先计划倒负荷的影响。除了从电池站增加负荷以减少与区域电网的功率交换这种状况，这种情况与前一种情况相同。

（3）更改分布式电源参考设定点的影响。在这种情况下，并入到任何给定变电站的分布式电源的参考设定点减少到给定时刻的一半。区域电网会补偿由此产生的功率失配。

(4) 预先计划的分布式电源中断的影响。在这种情况下，给定时刻等效变电站的分布式电源单元的有功和无功功率参考设定点下降到零，即分布式电源断开。然而，这种分布式电源中断是预先计划好的，因为电池的相应参考功率设定点同时增加以补偿这部分损失功率。

(5) 匹配的电源孤岛。在这种情况下，微电网在给定时刻发生孤岛效应，在孤岛之前通过公共耦合点（PCC）断路器实现零功率传输，即匹配功率孤岛。在孤岛之前，电池站的 PQ 控制器将其输出功率调节为零。

(6) 预先规划的不匹配的电源孤岛。在这种情况下，系统总负荷比分布式电源总量大 10%。在并网模式下，区域电网补偿这种功率失配，同时电池站的有功和无功功率设定点保持为零。在这项工作中，“预先计划的孤岛”是指功率失配小于电池额定值的孤岛事件或通过预先调度减载以使功率失配小于孤岛前的存储容量。

(7) 孤岛运行期间的重载。在这种情况下，任何给定变电站的负荷在给定时刻突然增加 100%。在孤岛模式下，“突然”是指负荷或发电侧的任何变化都由电池站补偿，而不是通过改变任何其他分布式电源的参考功率设定点来避免电池过载。

(8) 孤岛运行期间的轻载。在这种情况下，任何给定变电站的负荷在给定时刻突然下降 100%。

10

微 电 网 用 例

构建用例是将应用映射到流程中以实现特定目标的有效实践。构建用例的过程涉及尽可能罗列出能够定义发起者（或参与者）和流程（或系统）之间交互的行动或步骤，并通过对复杂系统创建可视化展示的方式概述了其具体需求。本章中的用例已经从用例描述、参与者角色、用例对象之间的信息交换和关联以及法规方面进行了开发。此处仅介绍被认为与智能微电网实施相关的用例。本章涵盖了三个公开可用的用例，即由美国橡树岭国家实验室（ORNL）提供的能源管理系统（EMS）的功能要求用例、保护用例和计划性孤岛用例。

10.1 能源管理系统功能要求用例

此用例定义了在并网和孤岛运行模式下工作的微电网的 EMS 功能。微电网 EMS 是微电网控制系统（MC）的一部分，能在多类分布式能源（DERs）、蓄电池、主电网和响应负荷之间进行协调，以提高系统可靠性，进行经济调度，降低运行成本。在其运行中，它管理微电网中的潮流、电力交易、能源生产和消费、有功/无功功率以及电池充放电。EMS 的部署可实现按日前招标调度、短期经济调度和实时的最优决策。

一般来说，微电网有两种运行模式，即并网和孤岛。不同模式下的操作和系统约束可能不同。在并网方面，微电网 EMS 与区域电力系统（AEPS）协调并管理微电网以符合 AEPS 的政策、法规和要求，并提供相应的辅助服务。孤岛模式下，微电网 EMS 维持稳定，在一定范围内调节电压和频率，并优化微电网的整体性能。

表 10-1 对用例中的参与者角色的属性进行了介绍，内容包括名称、类型和描述。信息交换模型见表 10-2，相关标准说明见表 10-3。用例图如图 10-1 所示。

表 10-1　EMS 用例的属性

名称（图标标签）	类别	描述
区域电力系统（Area EPS）	系统	通过公共连接点为微电网供电的电力系统
局部电力系统（Local EPS）	系统	PCC 客户侧的电力系统
区域燃料供给（AFS）	系统	为微电网供电的燃料系统
公共连接点（PCC）	系统	AEPS 与微电网之间的连接站
关键负荷（C Load）	设备	微电网内的最高优先级负荷。这些负荷不参与减载计划
非关键负荷（NC Load）	设备	微电网内的最低优先级负载。这些负载可能会被搁置以支持关键负载
微电网控制系统（MC）	系统	一种能够调度微电网资源的控制系统，包括打开/关闭断路器、改变控制参考点、改变发电水平，并协调电源和负荷以维持系统稳定性
微电网 SCADA（MG SCADA）	系统	提供微电网控制器功能所需的数据采集和通信功能。MG SCADA 从每个微电网参与者中收集实时数据，并执行控制动作，例如经济调度命令、断路器控制/状态
一级分布式能源（PDER）	设备	参与电压调节的分布式能源，可以是发电机和储能
开关设备（DER-SW）	设备	DER-SW 可以断开微电网内的分布式能源。DER-SW 可以接收来自 MC 的控制信号，并可以通过 SCADA 通知 MC 其状态
市场运营商（MO）	系统	MO 在其 AEPS 中接受 MG 的报价，并派遣 MG 资源提供能源和辅助服务。MO 可以是 APES 的一部分，也可以是一个单独的实体

表 10-2　EMS 用例的对象之间的信息交换和关联

对象名称	描述
微电网测量和状态（MG Meas. and Status）	包括在每个参与者处测量的电压、电流、频率和功率（有功、无功），以及参与者的状态，包括开/关状态、DER 的运行模式（一级 DER、非调节源）以及其他运行状态指示
微电网控制指令（MG Cont. Comm.）	指对微电网参与者（DERs、微电网 EMS、负荷、开关设备、保护继电器、孤岛方案和同步继电器）的控制命令。这些命令定义了每个 DER 的控制模式、有功和无功功率调度、可控负荷的加载、频率和电压设置点、孤岛和再同步
微电网投标（MG Bid）	系统运营商和微电网控制系统之间的交易
机组负荷分配（Unit Comm.）	DERs 规划和调度
经济调度（Eco. Disp.）	为支持电力网络运行而提供的服务（可以采用有源或无源能源的形式）
日前预测（Day+ Forecast）	发电和需求
实时运行（RT Operation）	发电和需求
短期预测（ST Forecast）	发电和需求

表 10-3　　EMS 用例的规定

规定	描述
IEEE Std 1547™，series	区域 EPS 在 PCC 的互联标准
互联协议	定义互联条款和条件，例如：互联研究、操作规则、结构、安全法规、维护政策、访问、边界限制、断开断路器/开关/隔离设备、协议冲突、断开连接、客户发电计费和付款、保险、客户发电赔偿、责任限制、合同终止、永久性、生存权、客户发电设施所有权的转让、通信、远程控制和远程计量
ISO 市场规则	定义微电网参与市场的规则
计量规定	定义微电网出口到 AEPS 的规定

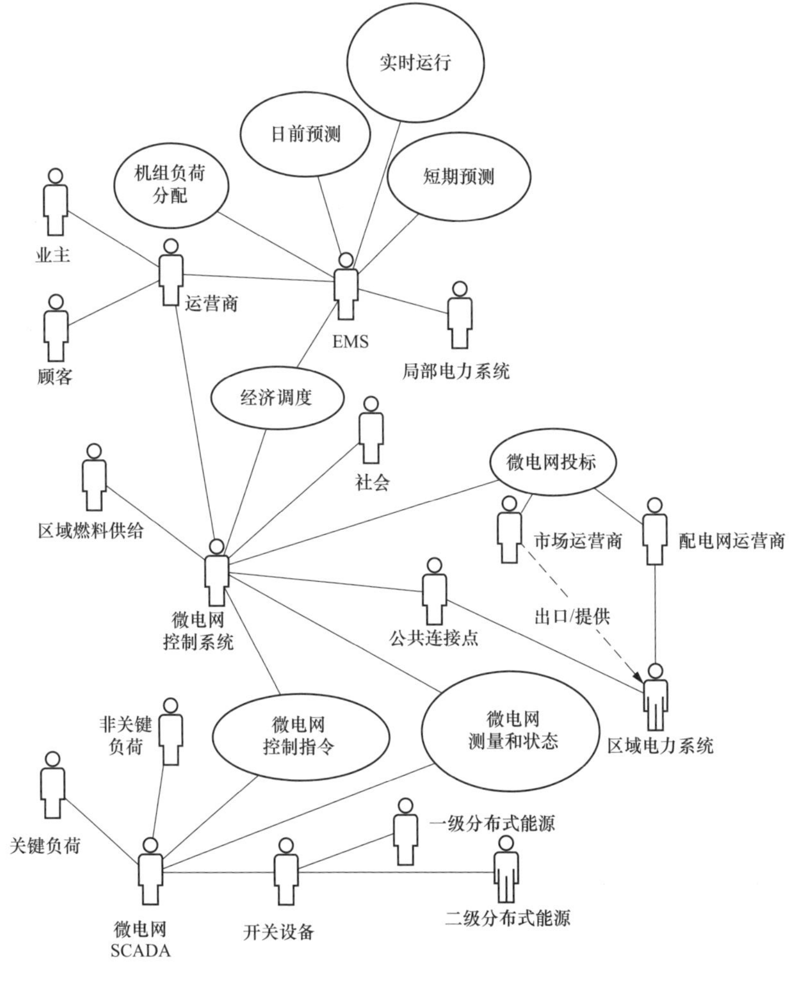

图 10-1　EMS 功能需求用例图

10.2 保护用例

该用例定义了针对不同微电网配置和运行条件的保护系统，以便在不影响微电网的情况下检测和隔离故障。微电网保护方案的设计是很有必要的，因为能预防人为风险，最大限度地减少设备损坏，并减少负载损失。微电网保护控制系统定期与微电网监控和数据采集（MG SCADA）系统交流以更新系统状态并相应地确定保护方案和设置。更新的保护设置将通过保护控制系统中的通信链分发向所有具有通信设施的保护设备。保护继电器可以通过本地保护设备检测故障和跳闸断路器，也可以通过通信手段远程检测。微电网拓扑会定期更新。

表 10-4 对用例中的参与者角色的属性进行了介绍，内容包括名称、类型和描述。信息交换模型见表 10-5，相关标准说明见表 10-6。用例图如图 10-2 所示。

表 10-4　保护用例的属性

名称（图标标签）	类别	描述
区域电力系统（Area EPS）	系统	通过公共连接点为微电网供电的电力系统
局部电力系统（Local EPS）	系统	PCC 客户侧的电力系统
区域燃料供给（AFS）	系统	为微电网供电的燃料系统
公共连接点（PCC）	系统	AEPS 与微电网之间的连接站
关键负荷（C Load）	设备	微电网内的最高优先级负荷，这些负荷不参与减载计划
非关键负荷（NC Load）	设备	微电网内的最低优先级负载，这些负载可能会被搁置以支持关键负载
微电网控制系统（MC）	系统	一种能够调度微电网资源的控制系统，包括打开/关闭断路器、改变控制参考点、改变发电水平，并协调电源和负荷以维持系统稳定性
微电网 SCADA（MG SCADA）	系统	提供微电网控制器功能所需的数据采集和通信功能。MG SCADA 从每个微电网参与者中收集实时数据，并执行控制动作，例如经济调度命令、断路器控制/状态
一级分布式能源（PDER）	设备	参与电压调节的分布式能源，可以是发电机和储能
开关设备（DER-SW）	设备	DER-SW 可以断开微电网内的分布式能源。DER-SW 可以接收来自 MC 的控制信号，并可以通过 SCADA 通知 MC 其状态
市场运营商（MO）	系统	MO 在其 AEPS 中接受 MG 的报价，并派遣 MG 资源提供能源和辅助服务。MO 可以是 APES 的一部分，也可以是一个单独的实体

表 10-5　保护用例对象之间的信息交换和关联

对象名称	描述
微电网测量和状态（MG Meas. and Status）	包括在每个参与者处测量的电压、电流、频率和功率（有功、无功），以及参与者的状态，包括开/关状态、DER 的运行模式（一级 DER、非调节源）以及其他运行状态指示

续表

对象名称	描述
微电网控制指令（MG Cont. Comm.）	指对微电网参与者（DERs、微电网 EMS、负荷、开关设备、保护继电器、孤岛方案和同步继电器）的控制命令。这些命令定义了每个 DER 的控制模式、有功和无功功率调度、可控负荷的加载、频率和电压设置点、孤岛和再同步
保护设置	保护控制器根据当前操作条件发送给保护继电器的设置
跳闸指令	跳闸信号由继电保护逻辑产生并发送到断路器进行跳闸操作
微电网拓扑	电路跳闸后，微电网拓扑结构可能会发生变化。新的拓扑信息必须由微电网控制系统和保护发送

表 10-6　　保护用例的规定

规定	描述
IEEE Std 1547TM，series	区域 EPS 在 PCC 的互联标准
互联协议	定义互联条款和条件，例如：互联研究、操作规则、结构、安全法规、维护政策、访问、边界限制、断开断路器/开关/隔离设备、协议冲突、断开连接、客户发电计费和付款、保险、客户发电赔偿、责任限制、合同终止、永久性、生存权、客户发电设施所有权的转让、通信、远程控制和远程计量
ISO 市场规则	定义微电网参与市场的规则
计量规定	定义微电网出口到 AEPS 的规定

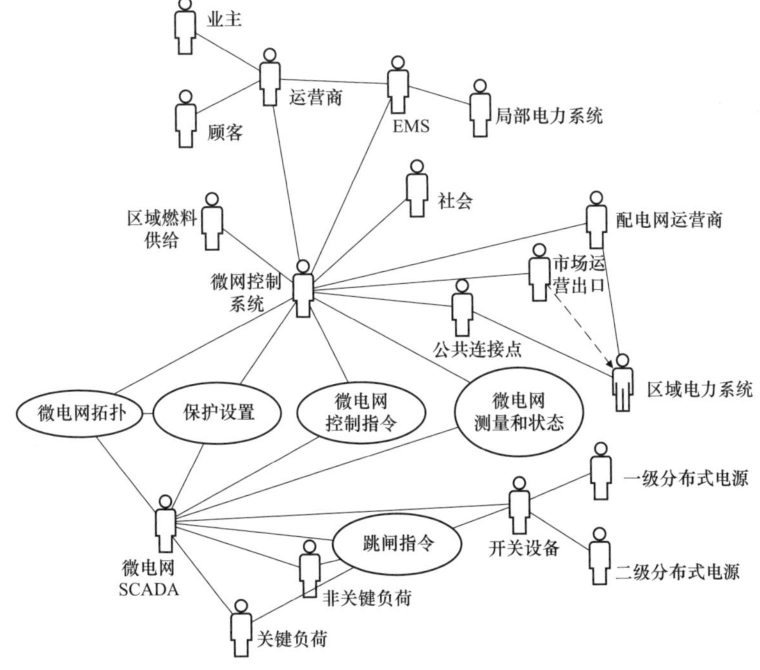

图 10-2　保护用例图

10.3 计划孤岛

此用例定义了微电网以计划方式与区域电力系统断开连接时的功能。微电网需要系统运营商的许可才能计划孤岛。微电网控制系统通过 EMS 和微网 SCADA，通过向微电网参与者发送孤岛转换命令来启动计划孤岛转换过程。微电网 EMS 预估微电网的负载水平和可用发电容量，卸载和减少较低优先级的负荷，重新分配每个分布式能源和储能的有功和无功功率输出，以保证公共连接点（PCC）处的微电网和区域电力系统之间没有有功和无功功率的输入输出。在这个阶段，PCC 的潮流减少到最小，因此对微电网和区域电力系统的影响都最小。

表 10-7 对用例中的参与者角色的属性进行了介绍，内容包括名称、类型和描述。信息交换模型见表 10-8，相关标准说明见表 10-9。用例图如图 10-3 所示。

表 10-7　计划孤岛用例的属性

名称（图标标签）	类别	描述
区域电力系统（Area EPS）	系统	通过公共连接点为微电网供电的电力系统
局部电力系统（Local EPS）	系统	PCC 客户侧的电力系统
区域燃料供给（AFS）	系统	为微电网供电的燃料系统
公共连接点（PCC）	系统	AEPS 与微电网之间的连接站
关键负荷（C Load）	设备	微电网内的最高优先级负荷。这些负荷不参与减载计划
非关键负荷（NC Load）	设备	微电网内的最低优先级负载。这些负载可能会被搁置以支持关键负载
微电网控制系统（MC）	系统	一种能够调度微电网资源的控制系统，包括打开/关闭断路器、改变控制参考点、改变发电水平，并协调电源和负荷以维持系统稳定性
微电网 SCADA（MG SCADA）	系统	提供微电网控制器功能所需的数据采集和通信功能。MG SCADA 从每个微电网参与者中收集实时数据，并执行控制动作，例如经济调度命令、断路器控制/状态
一级分布式能源（PDER）	设备	参与电压调节的分布式能源，可以是发电机和储能
开关设备（DER-SW）	设备	DER-SW 可以断开微电网内的分布式能源。DER-SW 可以接收来自 MC 的控制信号，并可以通过 SCADA 通知 MC 其状态
市场运营商（MO）	系统	MO 在其 AEPS 中接受 MG 的报价，并派遣 MG 资源提供能源和辅助服务。MO 可以是 APES 的一部分，也可以是一个单独的实体

表 10-8　　计划孤岛用例对象之间的信息交换和关联

对象名称	描述
微电网测量和状态（MG Meas. and Status）	包括在每个参与者处测量的电压、电流、频率和功率（有功、无功），以及参与者的状态，包括开/关状态、DER 的运行模式（一级 DER、非调节源）以及其他运行状态指示
微电网控制指令（MG Cont. Comm.）	指对微电网参与者（DERs、微电网 EMS、负荷、开关设备、保护继电器、孤岛方案和同步继电器）的控制命令。这些命令定义了每个 DER 的控制模式、有功和无功功率调度、可控负荷的加载、频率和电压设置点、孤岛和再同步
孤岛请求	微电网控制系统通过微电网 SCADA 发送给系统运营方的信号，请求允许计划孤岛
孤岛请求状态	系统运营方允许/不允许孤岛请求

表 10-9　　计划孤岛用例的规定

规定	描述
IEEE Std 1547™，series	区域 EPS 在 PCC 的互联标准
互联协议	定义互联条款和条件，例如：互联研究、操作规则、结构、安全法规、维护政策、访问、边界限制、断开断路器/开关/隔离设备、协议冲突、断开连接、客户发电计费和付款、保险、客户发电赔偿、责任限制、合同终止、永久性、生存权、客户发电设施所有权的转让、通信、远程控制和远程计量
ISO 市场规则	定义微电网参与市场的规则
计量规定	定义微电网出口到 AEPS 的规定

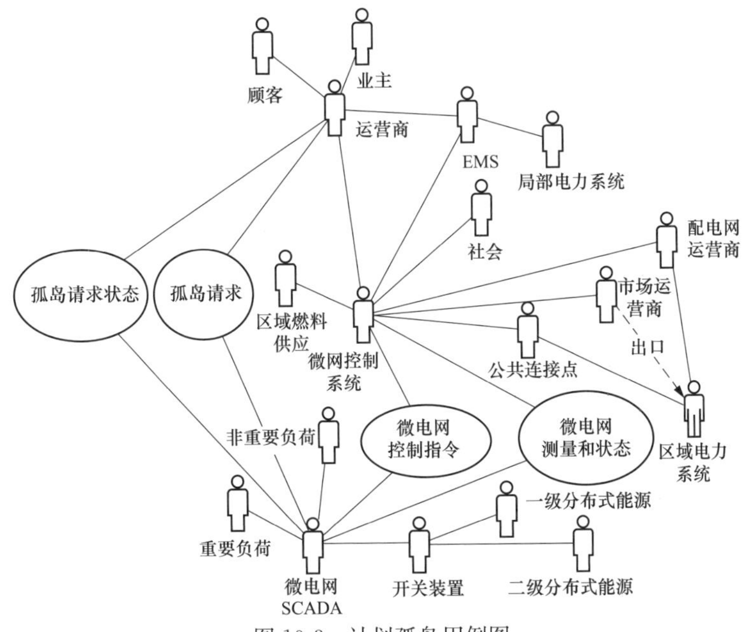

图 10-3　计划孤岛用例图

测试与案例研究

本章主要研究微电网及其控制器的测试程序，还介绍了前几章中提到的建模、控制、监测和保护策略等理论的一些验证结果。本章的测试是在基准模型上进行的，并引用第 2 章中的校园微电网和公用事业微电网获得的现场结果。本章详细讨论了在真实微电网中四种不同的实施情况，分别是能源管理系统（EMS）经济调度、电压和无功功率控制、微电网孤岛、使用国际电工委员会（IEC）61850 通信的实时（RT）系统协议。

11.1　能源管理系统（EMS）经济调度

本节论证了微电网系统设计指南在校园微电网开放获取可持续间歇性电源（OASIS）子系统上的实施。

11.1.1　校园微电网上的适用设计

校园中的 OASIS 系统是一种可实施能源管理系统（EMS）和商业案例框架的微电网系统。480V 三相系统包括太阳能光伏（PV）发电部分、储能系统部分（ESS）与电动汽车（EV）负载部分，并通过本地公用设施（区域电力系统，AEPS）变电站连接到公用电网。OASIS 微电网的单线图如图 11-1 所示。

储能系统部分由四组锂离子电池组组成，总容量为 500kWh。光伏系统包括一个由 968 块光伏板组成的大阵列，最大发电容量为 250kW。系统直流（DC）总线的接口是一个可以实现并网运行或孤岛运行转换的四象限 280kVA 电源转换系统。

负载部分主要由四个电动汽车充电站组成，其中包含两个二级充电站和两个直流快速充电站。负载部分还包括消耗的能量维护充电站、电池管理系统、控制

器和 SCADA（监控与数据采集系统）的运行。

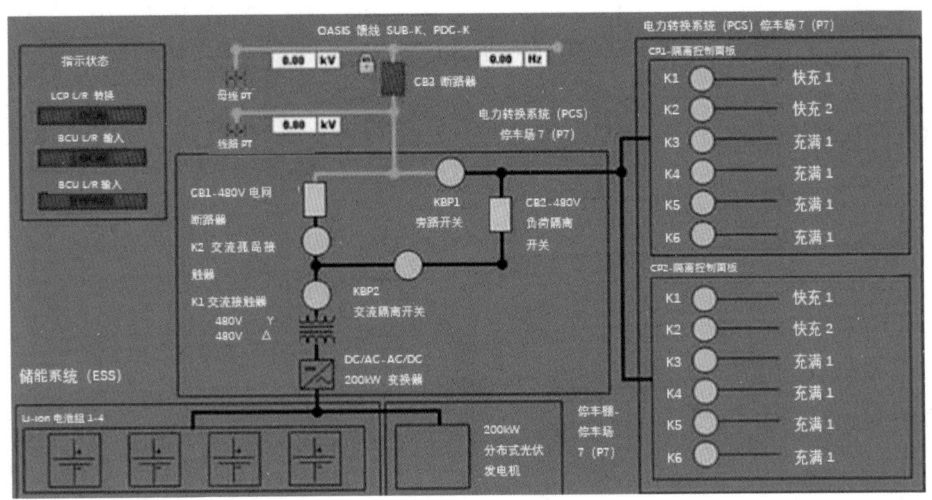

图 11-1 校园绿洲微电网单线图

DEMS（分散式能源管理系统）在 OASIS 微电网中充当能源管理系统（EMS）。DEMS 的作用是管理微电网和电力系统（EPS）之间的能量交换。DEMS 的目标不是在发电量高时削减光伏发电量，而是在光伏发电量低时维持电力输出。换句话说，当光伏输出突然下降时，它将在电力系统（EPS）的公共耦合点处维持一个最小的功率输出，而不是降低峰值功率。微电网不会通过套利或其他方式获得直接的经济利益。该系统在二级和三级运行，通过对光伏分布式能源（DER）的发电量进行 7 天的预测，并基于此信息优化 ESS 的充电/放电调度和通过负载的需求响应来获取利润。

11.1.2 设计指南

能源管理系统（EMS）旨在符合以下准则：

（1）具有同时优化多个相互冲突的目标的能力。

（2）可适用于任何系统的不可知通用公式，可被定制以便用于优化各种目标。

（3）能够管理分布式电源的最佳调度设定，同时在不超过运行限制的情况下保持功率平衡。

（4）能够产出自洽且易于计算的结果。

（5）允许基于微电网技术的商业案例规划。

（6）分析微电网的投资选择，并确定投资回报，确保投资人的利益。

（7）将所有的目标和指导方针整合成一个完整的框架。

11.1.3 多目标优化——示例

11.1.3.1 系统说明

本节描述了如何在多目标优化的能源管理系统（MOO-EMS）中对 OASIS 系统参数和配置文件进行建模。研究数据来自光伏发电和整体负荷以及用于与 DEMS 进行比较的 EPS 功率。研究整体的两个周期分别是 2015 年 11 月 26 日至 2016 年 1 月 8 日与 2016 年 1 月 12 日至 2016 年 2 月 25 日。

选择这两个时期是为了测量参数的完整性（即所有所需参数的连续数据都可用，没有不连续或不完整的记录）。为了将 EMS 的结果与现有的 DEMS 进行比较，采用 15 分钟的调度时间间隔。

微电网中的剩余功率计算公式：

$$P_{\text{res}}(t) = P_{\text{load}}(t) - P_{\text{pv}}(t) \tag{11-1}$$

其中

$$P_{\text{load}}(t) = P_{\text{EV1}}(t) + P_{\text{EV2}}(t) + P_{\text{EV,fast1}}(t) + P_{\text{EV,fast2}}(t) + P_{\text{sys}}(t) \tag{11-2}$$

式中，P_{load}是所有电动汽车（EV）充电负载加上维持系统的功率之和。

虽然可再生光伏发电的渗透率很高，但研究中包含的三种可控电源是：储能系统（ESS）、可控负荷（电动汽车充电桩）和电力系统（EPS）。虽然 EPS 作为保持电力平衡的同步电源不可以直接控制，但是在公式中还是考虑其作为一个与输入/输出的功率和能量相关的可控变量。

ESS 和 PVS 系统均通过同一直流母线连接；因此，ESS 可向微电网充/放电的总量取决于光伏系统的输出。此外，它可以充/放电的功率量取决于 ESS 的容量和荷电状态（SoC）。因此，ESS 的功率约束条件为：

$$P_{\text{ESS,min}} = \max\left\{-250 - P_{\text{pv}}(t), -\frac{E_{\text{ESS}} - e_{\text{ESS}}(t-1)}{dt}\right\} \tag{11-3}$$

$$P_{\text{ESS,max}} = \min\left\{250 - P_{\text{pv}}(t), \frac{e_{\text{ESS}}(t-1)}{dt}\right\} \tag{11-4}$$

可削减负载量取决于电动汽车是否正在充电以及它们正在充电的数量。因此，负载功率的约束条件为：

$$0 \leqslant P_{\text{load,shed}}(t) \leqslant P_{\text{EV1}}(t) + P_{\text{EV2}}(t) + P_{\text{EV,fast1}}(t) + P_{\text{EV,fast2}}(t) \tag{11-5}$$

下一小节描述了每种资源的估值函数，以优化确定的目标。

11.1.3.2 优化配置

为了使确定的收益与多目标优化的能源管理系统（MOO-EMS）公式一致，它们必须以二次方程的形式表示。每个目标都由能够有利于实现这一成效的各种资源来实现，并通过微电网、公用事业和当地环境中确定的指标对其进行量化和评估。需要注意的是，由于EPS的电力以水电为主，且当地分布式电源是由可再生能源组成的，同时由于无法通过调度获得进一步的成效，因此温室气体排放不作为目标。

（1）EPS。

EPS资源有三个目标：能源成本、能源损失和功率波动。能源成本由微电网在一个月内消耗的能源总量决定。每千瓦时的成本是恒定值（0.106＄/kWh），当总耗电量大于14800kWh，超过的电量每千瓦时能耗以更高的费率收费（0.1579＄/kWh）。微电网消耗的总能源成本如图11-2中的红色曲线图所示，其中价格的上涨是基于一个月消耗14800kWh的平均电量计算的。

新能源就地发电靠近集中电站，由于输送距离短从而减少了能量损耗。通过输电网络的预估损耗为3%，基于电力调度的能量损耗为：

$$C_{\mathrm{loss}}(t)=(0.106\times0.03)\cdot p_{\mathrm{EPS}}(t)dt \tag{11-6}$$

图11-2中的C_{loss}表示通过向微电网输入电能而损失的总能源成本。

电力波动带来的好处在于与不稳定的可再生能源发电相比，公用事业公司将为稳定的可再生能源发电支付更多的费用。因此，惩罚值与任何偏离平均功率（根据过去24h的计算）的EPS功率设定值相关，并且等于这些成本间的差值（0.129－0.099＝0.03＄/kWh）。偏离公共耦合点（PCC）的平均功率的功率波动总成本如图11-2中的C_{fluc}所示。

多目标优化（MOO）问题的标准化过程允许对每个目标进行汇总。由于这些目标中的每一个都有同样的度量单位，因此总值是每个单独目标函数的总和。这个结果为分段线性函数（如图11-2中的C_{tot}所示）。曲线拟合方法用于将这些估价目标函数表示为用于EMS公式的二次方程式（如图11-2中的$C_{\mathrm{t0t,MOO}}$曲线所示）。

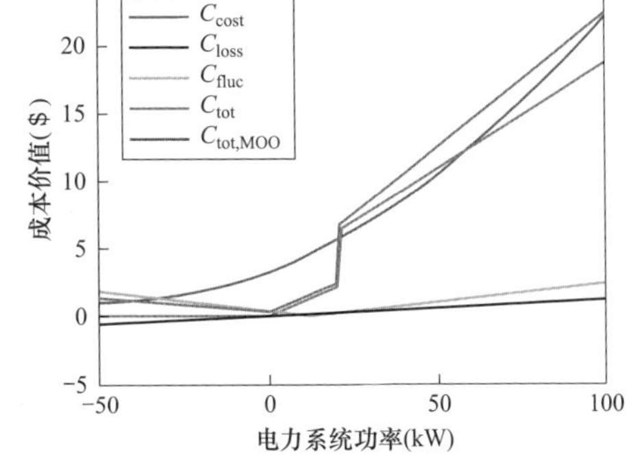

图11-2 总估值函数和二次近似多目标优化方法

（2）负荷-可靠性。

可靠性数值基于无电动汽车充电的替代方案。换言之，此值应是通过微电网消耗的每千瓦时天然气成本。计算结果为0.43＄/kWh，因此削减负荷的成本与负荷削减量呈线性函数关系，如图11-3所示。

（3）ESS-波动。

储能系统（ESS）可通过对光伏发电出力作出响应，并根据其在功率转换系统（PCS）直流母线上的平均功率输出和过去 24h 的 EV 充电进行对比来安排充电或放电，从而帮助缓解光伏发电的任何功率波动。通过计算过去 24h 的平均功率，使系统能够适应光伏发电的季节性影响以及电动汽车充电模式。电力系统（EPS）将提供剩余的波动，并围绕该平均功率确定最佳拟合的二次曲线（如图 11-4 中的 P_m 所示）。

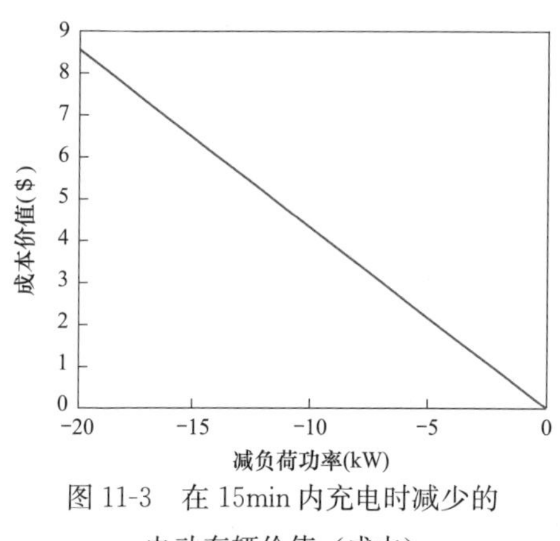

图 11-3　在 15min 内充电时减少的电动车辆价值（成本）

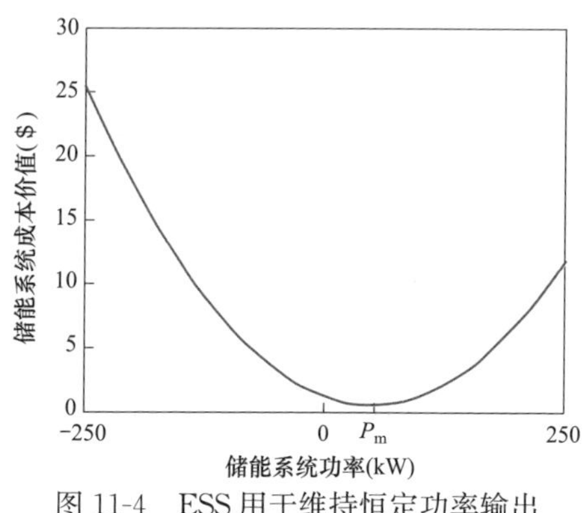

图 11-4　ESS 用于维持恒定功率输出的功率值

（4）ESS-可靠性。

微电网的可靠性可以通过规定储能系统中存储的电量来维持。通过对负荷数据的分析，在冬季（即光伏发电量较低）维持微电网负荷的平均功率仅需 167kWh。由于这仅为 33%的荷电状态（SoC），因此此处采用的方法是使所需的充电量成为过去 24h 内负载与光伏输出之比的函数。这样，在光伏出力较低的季节，SoC 越大，供电的可靠性越高；在光伏出力较高的季节，ESS 将保持一定的可充电容量，以减少可能引发的高功率波动、峰值的光伏出力受限或向 EPS 倒送电能等情况。该可靠性系数与负荷数据的可靠性系数用法相同，并且最佳拟合的二次曲线同样用于确定偏离预期 SoC 的惩罚值，如图 11-5 所示。

虽然可靠性是由 SoC 来确定，但 ESS 的功率分配可用于对储能进行充电或放电，以便在更接近所需 SoC 的情况下运行。图 11-6 显示了图 11-4 所示示例中 ESS 的功率函数。功率受 DER 限制（如 11.1.3.1 所述），功率评估由以下因素确定：

$$C_{\text{Pess,R}}[p_{\text{ess}}(t)] = |E_{\text{ESS}}^{*} - p_{\text{ESS}}(t)/dt| \times 0.43/365 \qquad (11\text{-}7)$$

0.43 是由负荷确定的可靠性值，成本除以 365 是因为考虑了停电概率（假设每年总停电一天）。

表 11-1 显示了 2015 年 11 月 26 日计算的二次方程参数的总体结果，作为所有二次估值函数的总和。值得注意的是，许多参数都会针对每个调度间隔进行更新，该表仅展示了与公式化 MOO EMS 一致的二次参数的结果。

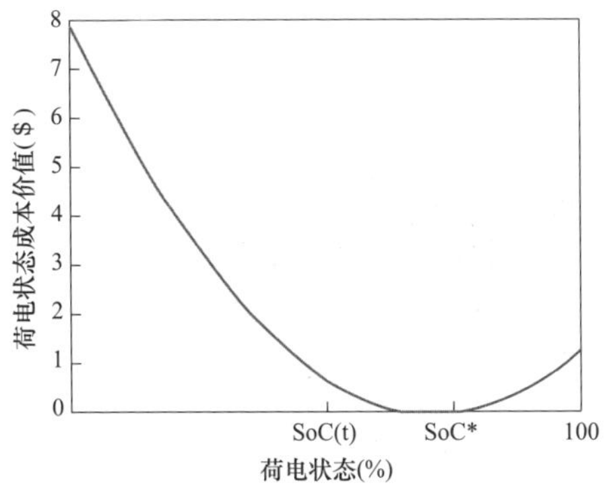

图 11-5　ESS 荷电状态的可靠性值

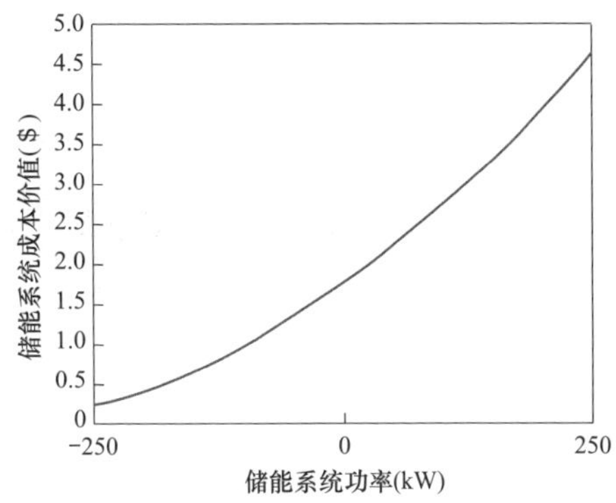

图 11-6　达到可靠性所需 SoC 的 ESS 的功率输出值

表 11-1　MOO EMS 框架中每个 DER 的二次估值函数示例

分布式能源	α($/kWh^2)	β($/kWh)	γ($)	P_{min}(kW)	P_{max}(kW)
储能系统	0.0002908	−0.01979	0	−64.5	−64.5
电力系统	0.0002441	−0.0003825	0.7359	−1000	1000
负荷	0	0.43	0	0	0.8997

11.1.4　结果与讨论

11.1.4.1　与现有校园 DEMS 的比较

这两个分析阶段都通过多目标优化的能源管理系统（MOO-EMS）运行，并与现有 DEM 产生的负荷曲线图进行比较。图 11-7 和图 11-8 展示了微电网公共

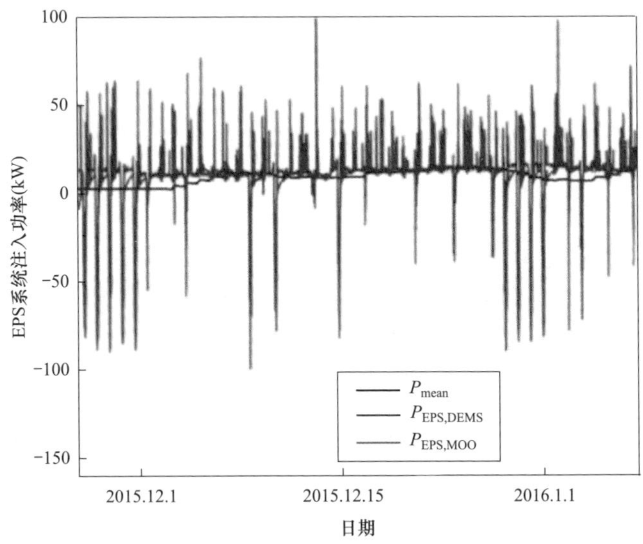

图 11-7　第一周期两个 EMS 从 EPS 输入的电力比较分析

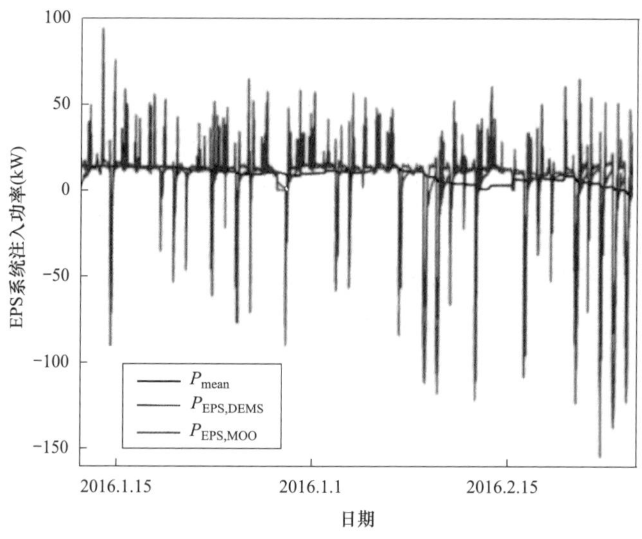

图 11-8　第二周期两个 EMS 从 EPS 输入的电力比较分析

耦合点（PCC）的相应输入功率以及过去 24 小时的平均输入功率（P_{mean}）。显而易见的，在这两种情况下，不仅 DEMS 剖面（$P_{EPS,DEMS}$）的功率波动更大，而且 MOO EMS（$P_{EPS,MOO}$）的输入和输出功率的峰值功率明显更小。

表 11-2 对比了微电网和 EPS 之间的最大和最小的输入/输出功率。结果表明，用 MOO EMS 代替 DEMS，峰值功率几乎降低了一半。

表 11-2　　两个 EMS 中微电网 PCC 的峰值功率的输入/输出

能量管理系统	$P_{eps,min}$(kW)	$P_{eps,max}$(kW)
DEMS，T1	−98.3	101.7
MOO，T1	−52.0	61.7
DEMS，T1	−155.7	94.4
DEMS，T2	−89.5	59.4

由于 EMS 在调度中均未甩负荷，也从未发生过与公用设施断开连接的事件，因此，仅通过结果很难直接进行可靠性分析。所以，还需要对 ESS 的 SoC 进一步分析，以确定其维持孤岛运行的临时能力。由 DEMS（$E_{ESS,DEMS}$）、MOO EMS（$P_{ESS,MOO}$）得出的 SoC 负荷曲线图及根据“ESS-可靠性”（$E_{ESS,des}$）一节确定的期望 SoC 如图 11-9 和图 11-10 所示，分别适用于两个时间分析周期。

就储能而言，DEMS 通常保持比 MOO EMS 更高的 SoC。然而，计算出的期望 SoC 表明，维持孤岛运行方式并不需要保持如此高状态的 SoC。同时，在光伏大发的夏季，DEMS 维持高 SoC 的策略并不利于电网运行，因为多余的发电

量将输出到 EPS，并因此导致更高的功率峰值和波动。

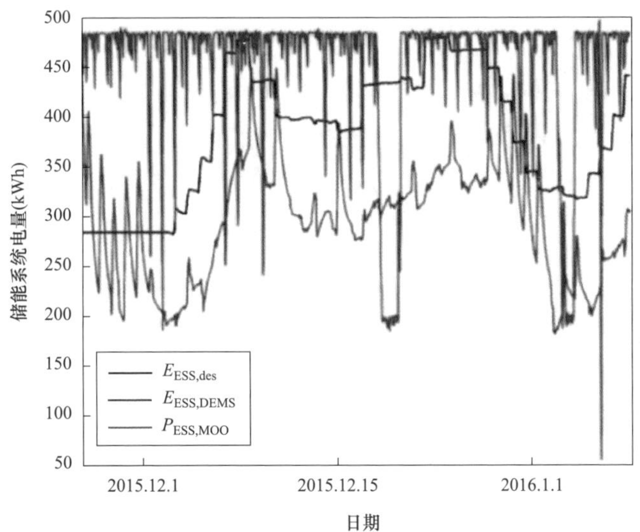

图 11-9　第一周期分析中两个 EMS 的 ESS 荷电状态

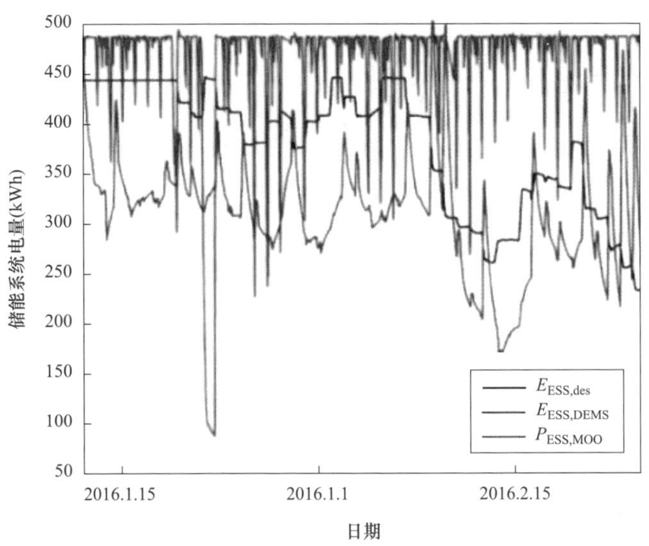

图 11-10　第二周期分析中两个 EMS 的 ESS 荷电状态

相比之下，MOO EMS 更多地利用了 ESS，SoC 中的变化量也反映了这一点。由于优化过程中加入了其他目标函数的约束，实际 SoC 不会直接复制预期的 SoC 负荷曲线图。也就是说，如果目标评估函数在可靠性效益上的权重相对较大，则实际 SoC 将更接近预期的 SoC。然而如前所述，系统仍然有降低峰值功率和波动的能力，同时在发生孤岛事件时保持足够的备用电量（仅在一个时间周期内，备用电量低于确定的最小功率：164.5kWh)。

11.1.4.2 商业案例概述

本案例对EMS进行了成本效益分析，结果详见表11-3。关键财务指标，如现值比（PVR）和内部收益率（IRR），用于确定EMS投资的财务可行性（盈利能力）。PVR是微电网效益/收入的净现值（NPV）与投资成本现值的比率。PVR>1表示一项投资具备盈利能力，当其PVR<1时，该投资将无利可图。本案例中，基于两个系统的产能，比较了MOO EMS与现有系统的经济优势。评估中考虑了前文所讨论的微电网效益。如表11-3所示，估算的影响/效益分配给了相应的利益相关者（微电网所有者/客户、配电网运营商和社会），基准单位为现有系统的总成本。

表11-3　两种EMS的商业案例比较

利益相关者/行动者		NSMG微电网控制器（p. u.）	现有的微电网控制器（p. u.）	
微电网所有者/用户	功率波动（公司能源）	0.14879	0.22503	
	能源成本	−0.00515	−0.00591	
	投资成本	0.12048	0.77979	
	总计	0.26412	1	
微电网所有者PVR				6.09892
微电网节约成本所有者/用户（%）				73.56
配电网运营商（DNO）	投资延期	−0.01060	−0.01090	
	投资增效	0.00107	0.00109	
	总计	−0.00481	−0.00494	
DNO总节约成本				−2.77103
社会	电动汽车排放	−0.00767	−0.00767	0

出于商业案例的目的，实测数据中加入了夏季光伏测量（预测）值，以呈现系统整年的合理评估。在这两种情况下，因为安装的光伏和储能系统（ESS）容量高于其所带负荷，OASIS系统可以视为一台净发电机。如表11-3所示，此方案的能源成本（收入）为负。此外，如图11-7和图11-8所示，与拟建系统相比，现有系统向电网输送的电能更多，波动更大。因此，现有的系统虽然产生了更多的收入，但因为影响了电能的稳定性而受到了更高的惩罚。在孤岛运行方式下，两个系统所带负荷并不重叠，因此未输送的电能不会产生任何成本。虽然拟建系统成本相对较低，提供的功能比现有系统少，但足以满足这种规模的微电网应用，因此该系统的实施为微电网所有者节约了海量的成

本。从同样的角度来看，拟建系统的盈利能力指数相对较高，因此有理由进行投资。

另外，在分析的案例中，由于系统效率的提高，公用事业单位或配电网运营商能够获得更多的收益。如表 11-3 所示，在投资延期方面，现有系统得到了更多的收益。此外，该系统为配电网运营商提供的总收益也比 MOO EMS 所提供的更多。然而，与微电网所有者的累积收益相比，这些收益的幅度相对较低。基于在确定节能减排结余时所做的假设，在两个系统向电动汽车提供相同规模电能的前提下，社会都能够获取同等的效益。

11.2 电压和无功功率控制

VVO/CVR 架构

智能电能表（SMs）的样本值可用于构建电压无功优化（VVO）/保护性降压（CVR）发电机（见图 11-11）的实时负荷曲线。新型配电网中的智能电能表在终端节点的服务质量水平方面提供了准确的实时测量值。

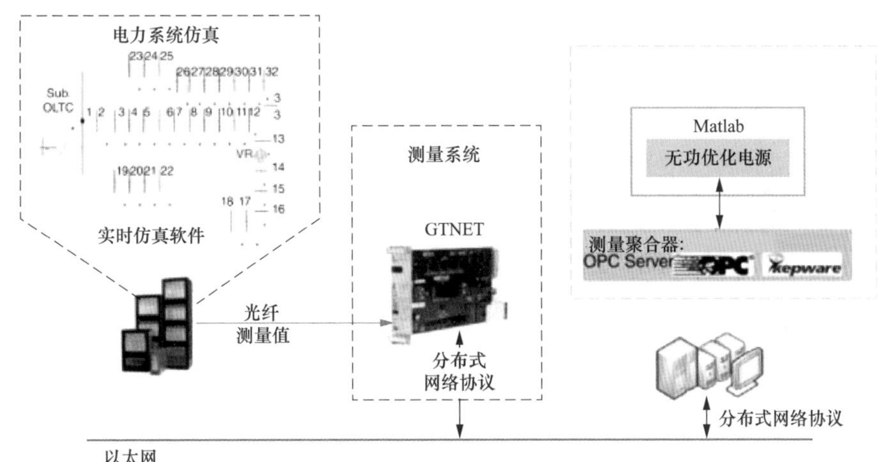

图 11-11　电压无功优化引擎（VVOE）平台

为了收集、分析和交换与馈线状态相关的数据点，需要一个智能代理（IAs）系统以及一个通信网络。该方法通过基于代理的分布式命令和控制系统构建实时负载曲线，并将其馈送至集成 VVO/CVR 发电机。通信平台采用 IEC 61850 和窄带电力线通信（NB-PLC）技术。IAs 的任务是为微电网或公用事业公司的配电网络内的相关资产安排恰当的配置。

图 11-12 描述了拟建的基于 IA 的实时 VVO/CVR 系统的主要结构。两条配电馈线与一个联络断路器（断路器-1）并联，为住宅用户供电。两条馈线在其 12.5kV/240V 变压器的中压（MV）侧都有电压无功控制装置。每个馈线都有住宅负荷，每个住宅终端点都有一个 SM，该 SM 捕获负载数据（如果需要，还包括其他采样值数据）。SMs 将数据从低压（LV）侧发送到中压侧的其他网络节点。

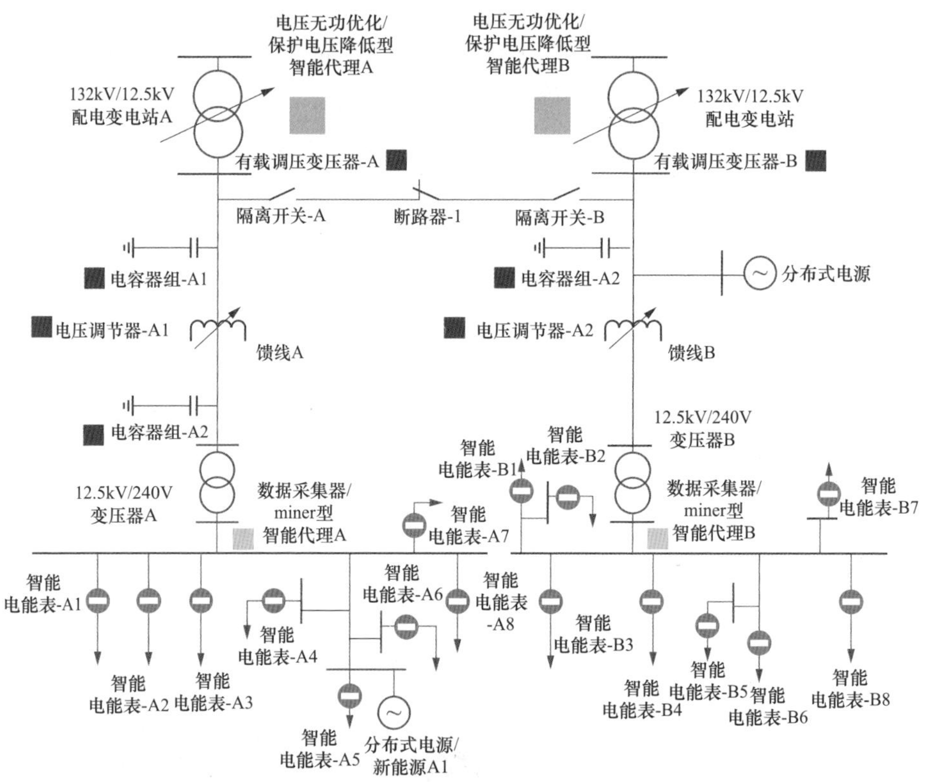

图 11-12　基于 IA 的配电网 VVO/CVR 主结构

对此，分布式命令和控制方案可以可视化为三个 IAs 控制集成的 VVO/CVR 应用程序。该分类方式完全取决于代理功能、任务和组件在分布式网络中的位置。因此，VVO/CVR 所需的数据由植入系统的 IAs 收集、分析和处理。此类代理的任务是处理智能电能表的数据，确定产生该数据的可能事件，并将其调查结果与主要 VVO/CVR IA 进行沟通，后者反过来可以确定系统中 VVO/CVR 组件的新配置设置。与原始的高级计量基础设施（AMI）数据进行对比，对事件进行传输的能力将大大降低对通信系统的带宽需求，并提高其性能。图 11-13 显示了使用 NB-PLC 和 IEC 61850 标准的 VVO/CVR 应用的通信结构。

例如，假设电压无功优化发电机（VVOE）向无功（VAR）补偿器的断路器

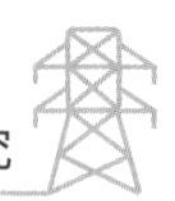

(CB) -A1 代理（馈线 A 中的 CB）发送命令，以在指定的实时间隔内向系统注入 50kvar 的无功功率。CB-A1 是一个代理，负责保存其断路器的数据记录。因此，它可以决定必须打开/关闭哪些组单元以分配这 50kvar 的无功功率。该过程可以根据断路器位置和数据进行。如果无法执行请求的任务，CB-A1 将会告知 VVOE。然后，后者将负责使用如图 11-14 所示流程图中的算法为电网找到替代解决方案。

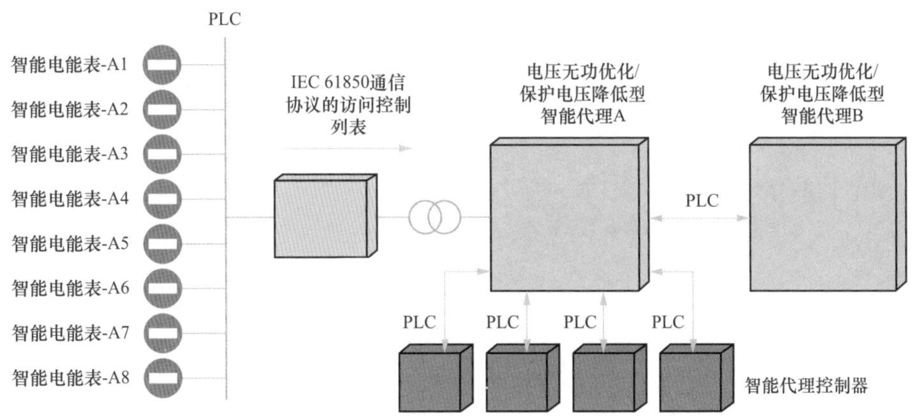

图 11-13　VVO/CVR 系统的通信结构

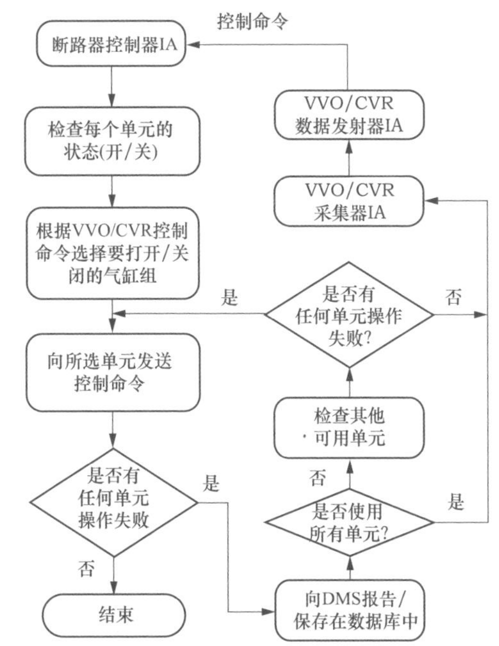

图 11-14　断路器控制器 IA 操作任务的初始流程图

11.3 微网抗孤岛

在为微电网研究配置的实际配电测试馈线上，对逆变器的抗孤岛能力进行测试。这个测试是对当前抗孤岛试验标准的补充，因为这个测试中的各种试验并不全部包含在 IEEE 1547.1 中。这些测试为 DER 系统以及逆变器控制系统的运行方式提供了新的见解。为了验证 DER 在指定时间内检测孤岛状态和断开自身连接的能力，大多数遵循 IEEE 1547.1 标准一致性测试程序，用于将分布式资源与 EPSs 互连的设备。本项目介绍了将太阳能集中器 DER 连接到电网的逆变器系统的测试结果。逆变器在真实的测试配电系统上进行了测试，以验证其反孤岛检测并表征其对此类真实系统事件的反应。进行的测试包括：在改变 P（以及品质因数）时，DER 和负载之间零功率不匹配的孤岛、电容器切换、电机启动以及电机孤岛。

11.3.1 测试系统

11.3.1.1 分布式系统

将逆变器安装在实际配电测试馈线上，如图 11-15 所示，图中画圈数字表示测量点。该测试线路是一条 25kV 专用架空线路，由 120kV/25kV、28MVA Y-△ 变电站变压器供电，通过曲折接线变压器接地。该三相系统是一个四线可靠接地

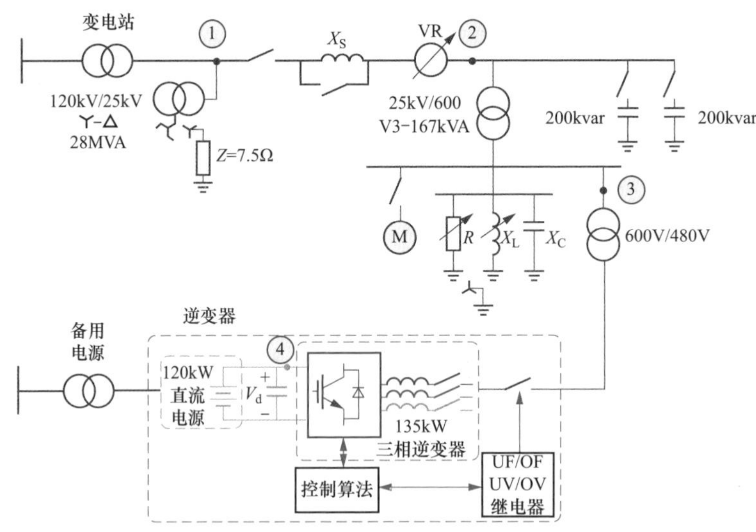

图 11-15 反孤岛试验中使用的系统拓扑单线图

系统，使用477铝架空线路，距离变电站约300m。馈线由一个断路器、串联电抗（X_S）、三个单相电压调节器（VRs）和可切换并联电容器组组成，如图11-15所示。降压变压器将发电机（分布式发电，DG）、负载（R、X_L、X_C）和感应电机（M）连接到同一PCC配电系统。

串联电抗X_S包括两个100kVA、14.4kV/347V串联配电变压器，以模拟一条农村长配电线路的压降。独立可控的负荷R、X_L和X_C以星形方式连接，测试过程中消耗的有功功率和无功功率是变化的，从而也会改变负荷的质量因数。尽管电压调节器VR用于这些研究，但它们只是作为具有固定设置的自耦变压器，因为控制装置的动作比孤岛和跳闸的时间段慢得多。它们只是在系统孤岛之前确保馈线有合格的电压。通过TEAC LX-120数据记录器和信号分析仪进行测量并记录，在点1处进行电压测量，在点2、3和4处进行电压和电流测量，如图11-15所示。

仿真计算在模型中总是有假设。仿真中使用的模型不能涵盖真实系统的所有现象，因为：①为了减少计算时间和复杂性，模型根据仿真目的（时间尺度）进行了简化；②模拟解算器运行在离散时间框架，并且经常使用降阶解算器；③不断开发和提出新的理论和模型形成更好的系统。此外，从逆变器的角度来看，控制器本质上是“黑盒”，因此其内部（通常是专有的）控制方式很难建模。

仿真是模拟具有代表性的物理系统执行验证测试的手段。物理模拟的优点是可以观察到许多与真实设备相关的现象。缺点是典型的实验室台架测试可能没有相同的额定功率，或者它们只能模拟电力系统中的一部分（即很难在实验室环境中模拟真实的输电线路或所有电力设备）。

与其他方法相比，在真实的配电测试系统上进行测试的主要优势在于与配电系统相关的所有现象都包含在内，它们提供了实际系统的真实值，而无需任何简化或假设，会产生模拟或仿真中可能无法感知的不同结果。使用实际的配电设备，并且测试仪可以控制拓扑、负载、发电以及希望包括在测试中的任何设备。当然，这可以通过在真实系统上进行测试来实现，然而测试分布式系统在可以执行的各种测试中提供了更大的灵活性，因为某些测试可能会影响公网客户，并可能损坏个人设备。

11.3.1.2 逆变系统

逆变器连接到一个与分布式测试系统不同馈线的直流电源。通过这种方式，逆变器与一个独立的电源连接，该电源与配电测试馈线隔离，因此代表一个独立的DER。在测试事件发生之前，假设电源在稳态下工作条件恒定（恒定电压下的恒定功率）。

逆变器是一个预装配装置，包含所有必要的控制器、谐波滤波器和组件。分散式发电机的典型公用设备要求是防止三相欠压（UV）和过压（OV）以及欠频（UF）和过频（OF）用于配电系统孤岛。表 11-4 中提供了 UV/OV 和 UF/OF 的内部继电器设置。

表 11-4　　继电器欠/过电压和欠/过频率阈值设置

参数值	阈值设置
欠电压	0.75 倍标准电压持续 1s
	0.9 倍标准电压持续 1s
过电压	1.2 倍标准电压持续 0.1s
	1.06 倍标准电压持续 120s
欠频率	63.5Hz 持续 0.01s
	63Hz 持续 5s
过频率	55.5Hz 持续 0.01s
	56.5Hz 持续 0.01s
	57Hz 持续 0.01s

11.3.2　进行的测试及结果

以下部分描述了为补充当前抗孤岛功能测试标准而执行的各种测试及其预期目的和获得的结果。

11.3.2.1　干扰跳闸

这些测试的目的是对系统 OV 和 UV 暂态反应进行分析。此类瞬态可通过切换电容器组或在很短的时间内连接/断开大量负载或电源而发生。此外，这些测试中使用了小功率失配作为最坏情况。虽然较短的响应时间对孤岛事件是有利的，但响应时间太短可能会导致系统干扰跳闸。通过执行两组测试：切换电容器和启动电机，以验证电网非孤岛事件期间逆变器的功能。

（1）切换电容器。切换 200kvar 电容器组的电容器将在系统上切换以增加电压（OV 暂态），并在系统稳定到新稳态条件后断开以降低系统电压（UV 暂态）。第一组测试通过串联电抗 X_S，但是，第二组测试包括变电站及负载/DER 之间的长配电线路。该阻抗和电容器组产生了谐振。当切换 200kvar 电容器组时，逆变器输出功率最初为 105kW，然后在切换 400kvar 电容器组时增加到 115kW。在这些测试中，感应电机 M 断开。

当串联阻抗 X_S 未连接到线路，且 200kvar 电容器组被打开时，发生了干扰跳闸。这导致来自 25kV 变电站的电流高达 $80I_{RMS}$，并在连接电容器组 37ms 后最终稳定下来，如图 11-16 所示。逆变器必须从其吸收的高电流中识别出这一点（电压和频率保持在其适当的工作区域内），并在 6.2ms 内断开 DER。

当串联阻抗连接到系统时，逆变器即使连接电容器组仍然跳闸。然而，变电站的涌入电流较低（相对于 100kW 功率，17p. u. 与 19p. u. 相对）。系统上增加的阻抗也会在系统上产生更多谐波和电流失真，直到电压和电流稳定，如图 11-17 所示。在断开电容器组的测试过程中，电压下降，但电压和频率都保持在适当的工作区域内，并且逆变器没有产生过多电流。因此，逆变器不会断开。

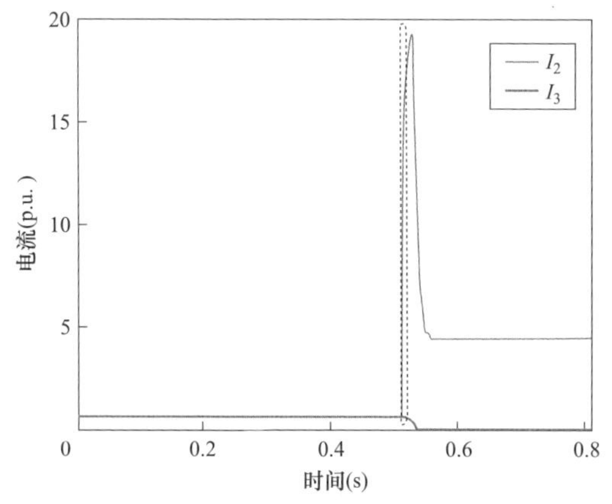

图 11-16　在电容器组连接期间，基础功率为 100kW 的变电站（蓝色）和 DER（红色）的单位电流

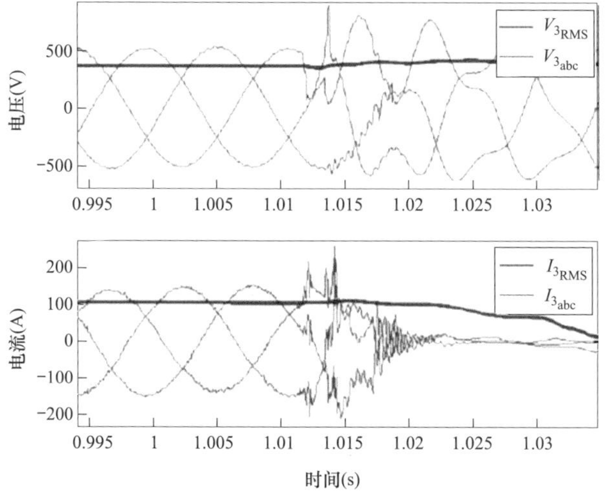

图 11-17　电容器组连接期间逆变器的电压和电流波形（蓝色）和 RMS（红色）值（串联阻抗 X_S）

（2）启动电机。当前标准仅测试无源线性电阻-电感-电容（*RLC*）负载。然而，实际运行中可能并非如此，会存在电机构成系统负载较大部分的情况。这些负载可能具有复杂的动态特性，从而影响孤岛保护方案正确识别此类情况的能力。

该测试为确定在最坏情况下，逆变器如何对直接连接到系统的电机作出反应；在无需软启动的情况下，将200HP感应电机直接连接到600V母线。在这些测试中，连接了200kvar电容器组和串联电感。电机应产生较大的启动电流，这可能会影响逆变器的抗孤岛检测方案。在启动过程中，随着电机产生大量涌入电流，系统电压急剧下降。然而，该涌流主要来自变电站（从0.6p.u.上升至3.8p.u.），与DER相反，DER在0.6p.u.下保持相对恒定，如图11-18所示。随着电机进入稳定状态，电压上升至1p.u.，子系统的电流进入稳定的工作点。即使在电机启动的最坏情况下（直接连接，无软启动和满载），系统的电压和频率仍保持在其可接受的工作区域内，逆变器也不会断开。

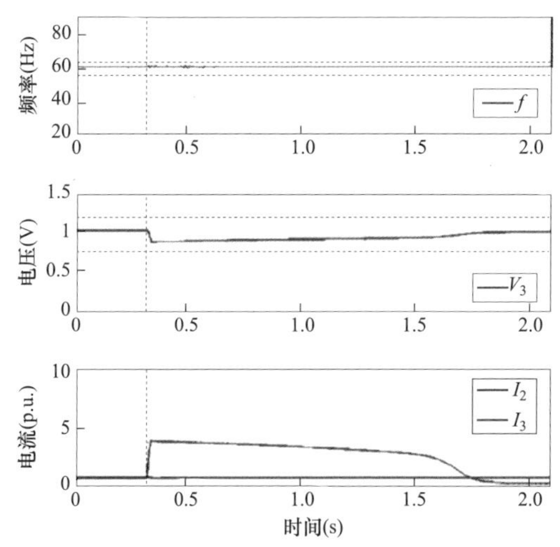

图11-18　电动机启动期间的频率、电压和电流RMS值

（蓝色表示变电站电流，红色表示逆变器电流）

11.3.2.2　孤岛

本研究中进行了三个测试案例：①根据负载功率改变DER功率；②将失配的功率输出变为最小（接近0W）；③使用感应电机隔离系统。在所有案例中，对系统的总无功功率进行了调整，使功率因数接近保持一致。

变化的ΔP。改变ΔP第一个测试集分析当配电系统整体输入功率（$\Delta P<0$）和输出功率（$\Delta P>0$）时，逆变器的控制装置如何对孤岛条件作出反应，如表11-5中的测试编号1～8所示。进行这些测试是为了验证典型测试条件下逆变器的功能。

表 11-5　测试条件下的电源设置

测试编号	P_{DG}（kW）	P_{load}（kW）	ΔP（kW）	Q_f
1	100	300	0	0.19
2	100	170	−70	0.34
3	100	145	−45	0.39
4	100	125	−25	0.46
5	25	50	−25	1.14
6	100	120	−20	0.48
7	25	0	25	—
8	100	70	30	0.81
9	25	25	0	2.28
10	95	95	0	0.6
11	100	100	0	0.57

孤岛情况的结果如表 11-6 所示，其中试验编号如表 11-5 所示。对于大多数试验，电压和频率持续升高或降低至允许的工作条件之外，逆变器跳闸。例如，图 11-19 显示了测试编号 2 的电压和频率（注意，孤岛后的频率仅由共振产生），图 11-20 显示了电压和电流波形。t_{UV}、t_{OV}、t_{UF}和 t_{OF}等参数指的是测量的电压或频率超出其限值的时间，如表 11-6 所述。参数 $t_{disconnect}$指逆变器系统从 EPS 自断开的时间。

表 11-6　孤岛时间和产生孤岛原因

测试编号	ΔP（kW）	Q_f	t_{UV}（ms）	t_{OV}（ms）	t_{UF}（ms）	t_{OF}（ms）	$t_{disconnect}$（ms）
1	0	0.19	10.4	—	16.4	—	19.2
2	−70	0.34	15.7	—	—	10.9	39.3
3	−45	0.39	90.9	—	5.8	—	109.8
4	−25	0.46	80.2	—	18.8	—	111.3
5	−25	1.14	16.6	—	13.7	—	115.5
6	−20	0.48	—	—	3	—	48.5
7	25	—	—	10.3	—	4.9	15
8	30	0.81	—	—	98.8	—	134
9	0	2.28	—	—	—	9.8	93.8
10	0	0.6	—	—	59.4	—	115.4
11	0	0.57	—	—	—	21.5	47.7

对于输入功率失配相对较大（约 25kW 及以上）的大多数测试用例，电压和频率都超出 UF 和 UV 检测范围。当失配为零或输出功率时（例如实验编号为 6～8 的情况），在发生孤岛之前，电压保持在可接受的范围内。这是逆变器正反馈的一个特征。在并联配置中，电压与功率相关，频率与正反馈的无功功率相

关，如下所示。

正反馈的无功功率为：

$$P = \frac{V^2}{R}Q = V^2(\omega C - \frac{1}{\omega L})$$

因此，当功率失配接近零时，功率的正反馈不会将电压驱动到任何极端。

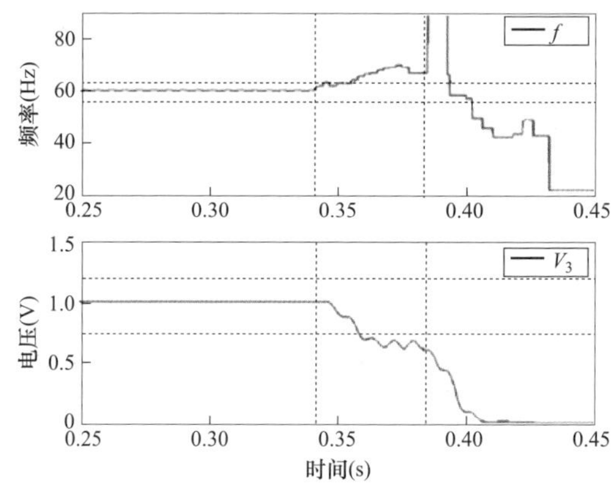

图 11-19　孤岛期间逆变器 PCC 的频率和 RMS 电压值（实验 2）

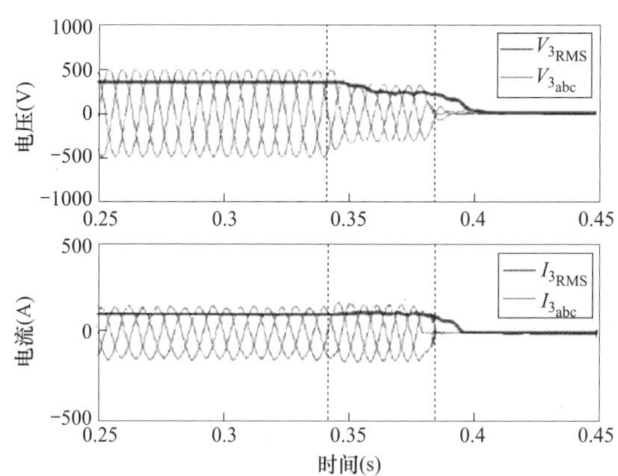

图 11-20　孤岛期间逆变器 PCC 处的电压和电流波形（蓝色）和 RMS（红色）值（实验 2）

由于许多原因，很难使用实际测试的结果来确定 ΔP 和 $t_{disconnect}$ 或 Q_f 和 $t_{disconnect}$ 之间的关系。首先，在这些测试中，很难在保持其他参数不变时独立改变一个参数。由于负载必须增加 5kW（由系统设置决定），几乎不可能获得所需的准确功率和质量因数。因此，绘制定 ΔP 和 $t_{disconnect}$ 或 Q_f 和 $t_{disconnect}$ 都不会得出结论性结果，因为每个实验之间变量太多，不止是 Q_f 和 ΔP。除此之外，无法精确控制孤岛何时发生（例如，当 A 相电压为 θ 时，不能始终断开）。在真实系统上实验的缺点就是这些变化很难得出某些参数之间的关系

和趋势。

(1) 变功率输出和品质因数。对于高负载和低负载，第二次实验改变 DER 和负载的功率，同时使其尽可能相等（如表 11-5 中的实验编号 9～11 所示）。检测孤岛事件发生的最坏情况是，DER 和负载之间几乎没有功率不匹配，因此在潜在的非检测区（NDZ）中运行。NDZ 是负载和发电机之间的功率不匹配，导致反孤岛检测无法在要求的时间内检测并断开 DER。值得注意的是，虽然系统的无功功率保持不变，但改变 P 将改变系统的品质因数（Q_f）。负载的品质因数在研究中有所不同，其定义如下：

$$Q_f = R\sqrt{\frac{C}{L}} = \frac{\sqrt{Q_L \times Q_C}}{P}$$

式中，Q_f 为谐振负载的品质因数；R 为有效负载电阻，Ω；C 为有效负载电容，F；L 为有效负载电感，H；Q_L 是感性负载分量每相消耗的无功功率，var；Q_C 为电容性负载组件消耗的每相无功功率，var；P 为电阻每相的实际功率，W。

品质因数是衡量系统孤岛后共振负载欠阻尼程度的指标。值越高，负载产生的共振阻尼越小。换句话说，Q_f 值越高，系统向共振频率移动或停留在共振频率的趋势越强。如果谐振频率接近 60Hz 的系统频率，这将影响正反馈频率算法，使逆变器在 UF/OF 边界之外运行。因为 L 和 C 在所有测试中都是常数，所以改变 P 也会改变 Q_f。对于这些实验，串联电抗 X_S 包括在线路中，感应电机 M 和并联电容器组断开。调整系统上的无功负载，以保持 1.0p. u. 的功率因数。

如表 11-6 所示，实验 9 和 10 之间的检测时间与 ΔP 或 Q_f 之间似乎没有任何相关性。观察实验 9 和 11 或实验 10 和 11，检测时间会随着逆变器功率的增加而减少。这与调查结果一致，得出的结论是，孤岛检测的最坏情况是逆变器接近满功率时，品质因数可能不会对系统产生太大影响，因为即使谐振频率约为 60Hz（这时功率因数非常接近单位值），品质因数仍然很低，谐振可能不会对系统和孤岛检测方案产生显著影响。在孤岛检测中，如果系统的谐振频率接近 60Hz（$LC \approx [2\pi \times 60]^2$）且其品质因数较高，基于频率测量的孤岛检测方案可能具有较大的 NDZ。

(2) 电机孤岛。检测 200HP 感应电机的孤岛状态可能是一个挑战，因为电机具有惯性，当系统孤岛时，有助于保持电压和频率（它充当发电机，从旋转质量中提供能量）。

执行最坏情况查看逆变器的反应。感应电机上的负载在系统孤岛时被移除。

因此，电机将在孤岛之前充当发电机，帮助维持系统频率和电压。对于电机实验，包括串联电抗 X_S，并连接 200kvar 并联电容器组。

图 11-21 和图 11-22 显示了在系统与电机孤岛期间，从 DER 的 PCC 测得的电压和电流波形以及 rot 均方（RMS）电压和频率。DER 被断开，因为它测量到 OV。图 11-21 显示了在连接感应电机的孤岛状态下，DER PCC 处的三相电压和电流波形以及 RMS 值。左侧和右侧垂直线分别表示系统何时孤岛，以及 DER 何时断开。图 11-22 所示为感应电机连接时孤岛状态下的 DER 的 PCC 频率和 RMS 电压。水平线分别表示 OV/UV 和 OF/UF 限制，左侧和右侧垂直线表示系统处于孤岛状态时。

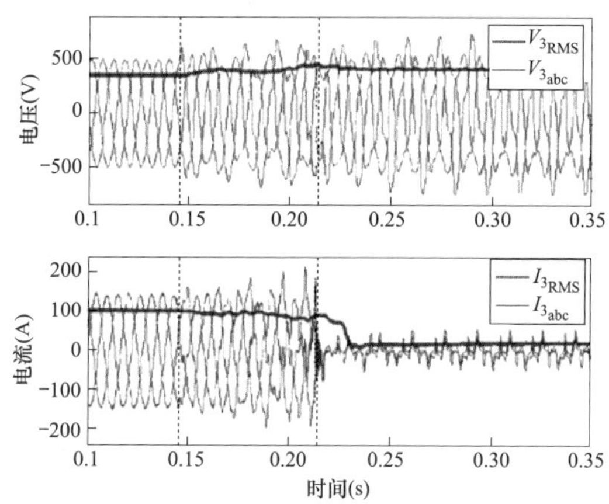

图 11-21　连接感应电机的孤岛状态下，DER 的 PCC 处的三相电压和电流波形（蓝色）和 RMS（红色）值

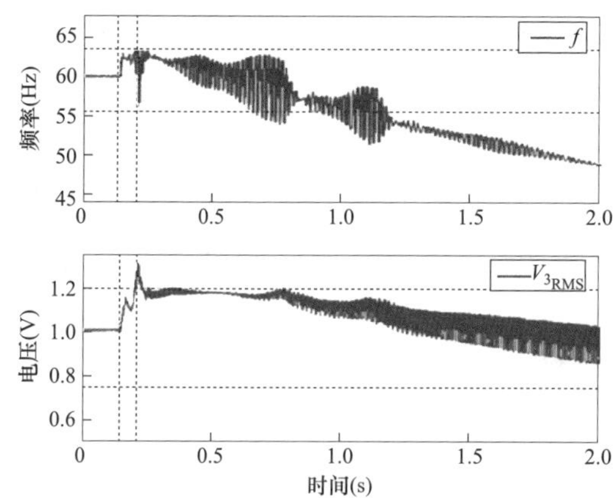

图 11-22　连接感应电机时，孤岛状态下的 DER 的 PCC 频率和 RMS 电压

系统孤岛后 15.7ms 电压首先超过 1.2p.u. 且在孤岛期间保持在工作频率范围内。孤岛事件发生后 6.82ms，DER 断开，这意味着 DER 在高电压下保持约 50ms（远长于表 11-5 所示）。

11.4 实时测试

在撰写本文时，我们进行了标准化工作来测试微电网控制系统。如图 11-23 所示，根据微电网发展的阶段，可以通过多种方式测试微电网控制系统。该图显示了微电网控制器的测试方法，适用于任何类型的资产控制器和其保护。在早期开发阶段可以采用的第一种方法是使用离线模拟软件模拟电网、资产和微电网控制系统。这种方法可完整覆盖所有测试（只要测试条件可以建模）。由于这种方法不能完全捕获微电网控制器（或其他资产控制器），因此可以使用另一种称为

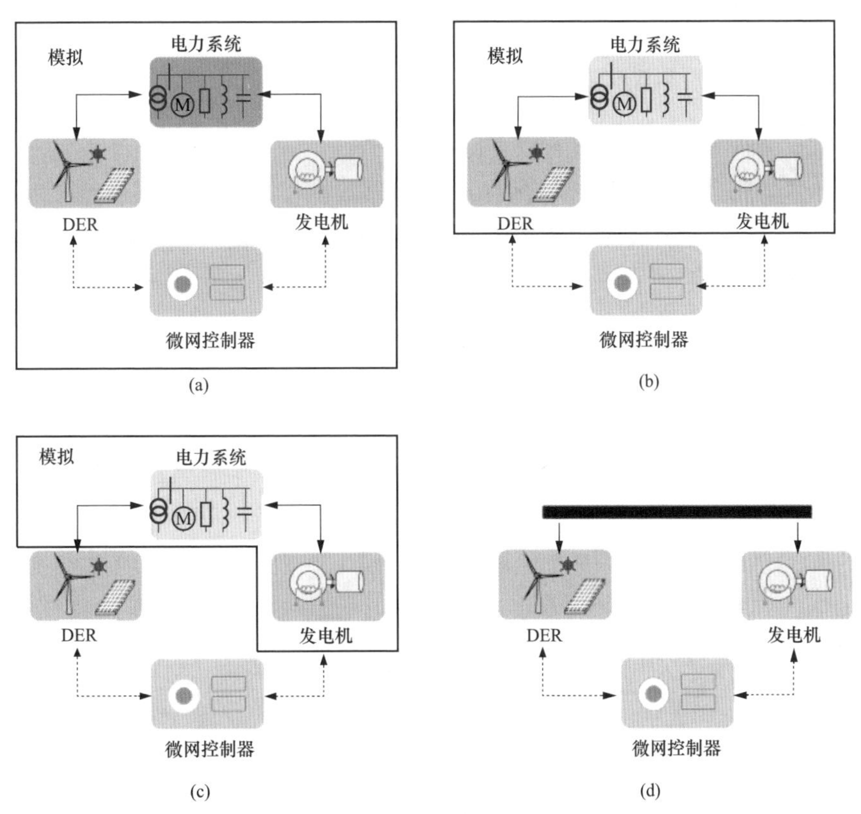

图 11-23 微电网控制器符合现场特定要求的实验室评估选项

（a）纯模拟；（b）CHIL；（c）CHIL 和 PHIL；（d）仅硬件

回路内控制器硬件（CHIL）测试的方法。在这种方法中，资产和微电网的实际控制器可以连接到实时运行的模拟电网。这种方法也可以覆盖全部测试，但是网络的实时实现将需要降阶建模或简化一些复杂模型以确保实时仿真。全尺寸和按比例缩小的功率处理，都可以添加到 CHIL 测试方法中。这种方法通常称为回路内的电源硬件（PHIL）。这种方法的测试覆盖率有限，但是系统的实际电源转换方面可以使用这种方法进行测试。CHIL 和 PHIL 方法用于控制器选择或开发的预调试阶段。可以采用完全额定的实际硬件测试方法，但是，它的测试覆盖范围有限且设置成本高昂。

本节介绍了为微电网测试、验证和实验设置实时测试台的两个示例。第一个例子是集成实时模拟器（RTS）和控制硬件，为继电器和断路器等设备提供回路内硬件（HIL）测试平台。另一个示例也在 RTS 上对微电网进行建模，但是，每个元素都被建模为一个代理，通过 IEC 61850 消息传递协议与另一个代理进行通信。接下对这两个示例进行解释。

11.4.1 回路内硬件实施测试台

HIL RT 测试台的设计具有以下特点：

（1）能够通过在工业硬件平台中数字化实现微电网的控制策略和相应算法；

（2）能够解决离线模拟研究中没有体现出来的实际问题；这些实际问题包括噪声、数字控制器的采样率、正弦脉宽调制（SPWM）信号的采样和保持，以及模拟输入和输出的延迟和非零偏置。

测试台总体框图如图 11-24 所示。它涉及一个工业控制和保护平台，该平台使用需要测试的控制策略和保护算法进行编程。在实时仿真平台上对整个微电网进行建模。微电网关注点的物理信号作为缩放模拟信号传递到控制器，控制器使用模数转换器（ADC）读取它们。图 11-25 显示了用于图 3-9 微电网闭环性能评估的 HIL 环境的示意图。图 11-25 中的系统由以下部分组成：①模拟图 3-9 电源电路的机架，包括 DER 单元的接口电压源转换器（VSC）；②输入/输出（I/O）接口，用于在模拟器和 DER 单元的控制平台之间进行信号传输；③三个实时（RT）控制平台，其中每个实时控制器（RTC）单元都嵌入了一个 DER 单元的控制算法；④一个函数发生器，每秒向每个 RTC 发送一次同步脉冲，以同步 DER 单元独立生成的 60Hz 角度波形。

每个 RTC 都有一个实时处理器，通过背板与现场可编程门阵列（FPGA）芯片进行通信。FPGA 芯片用于产生开关频率为 6kHz 的 SPWM 信号。所提出的控制器以 6kHz 的采样频率进行离散化，并使用 C 语言在实时处理器中实现。dq 变换所需的 60Hz 相位角在每个 RTC 中单独生成，并使用模拟全球定位系统（GPS）的外部数字信号发生器进行同步。计算机通过执行潮流分析和通过以太网将参考设定点传送到 RTC 来模拟电源管理系统（PMS）。

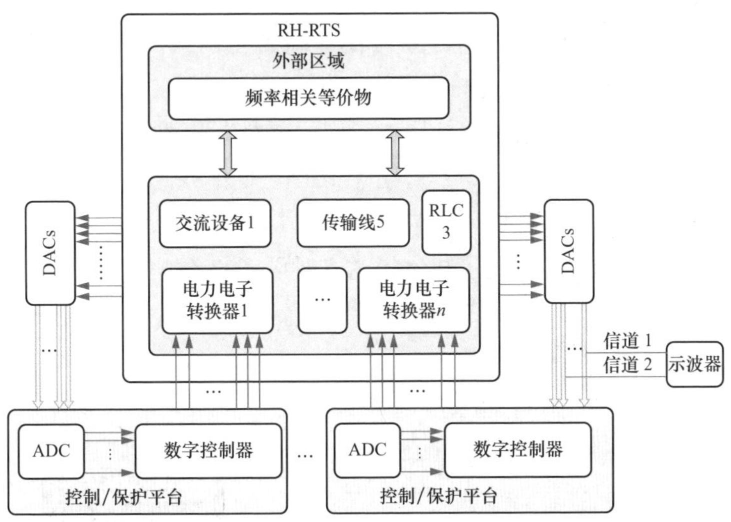

图 11-24　基于实时数字模拟器和实时控制器的硬件在环平台

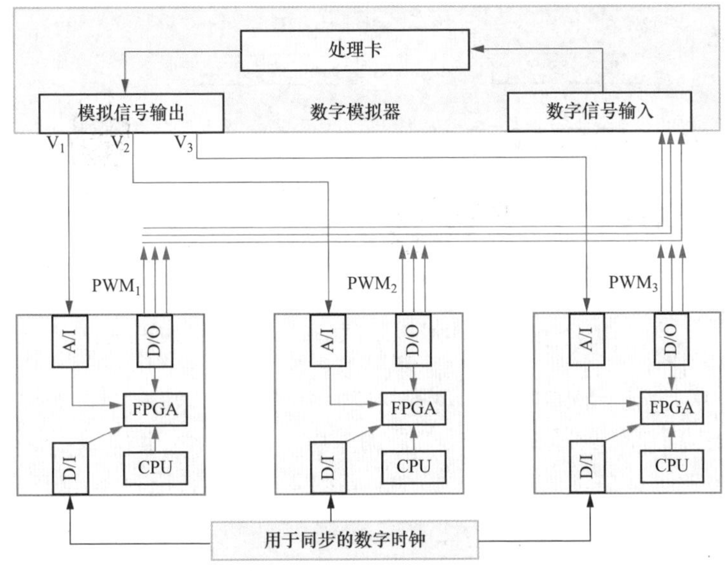

图 11-25　实时仿真试验台示意图

11.4.2 使用 IEC 61850 通信协议的实时系统

带有 RTS 的 HIL 微电网控制器测试台如图 11-26 所示。与先前测试台中的物理模拟信号相比，测试台将每个微电网元件建模为一个代理，通过 IEC 61850 消息传递协议与其他代理进行通信。IEC 61850 标准最初用于确保来自多个制造商的智能电子设备（IED）之间的互操作性并简化调试。最近在配电自动化方面，（GOOSE）协议引起了人们的兴趣，因为它具有实时、低延迟（最大 4 毫秒）并通用面向对象变电站事件的特点。该标准允许设备之间的通信，其中通用变电站事件（GSE）服务的对等模型用于 IED 之间的快速可靠通信。与 GSE 服务相关的消息之一是 GOOSE，它允许跨局域网（LAN）广播多播消息。GOOSE 消息基于发布者/订阅者机制提供实时可靠的数据交换。

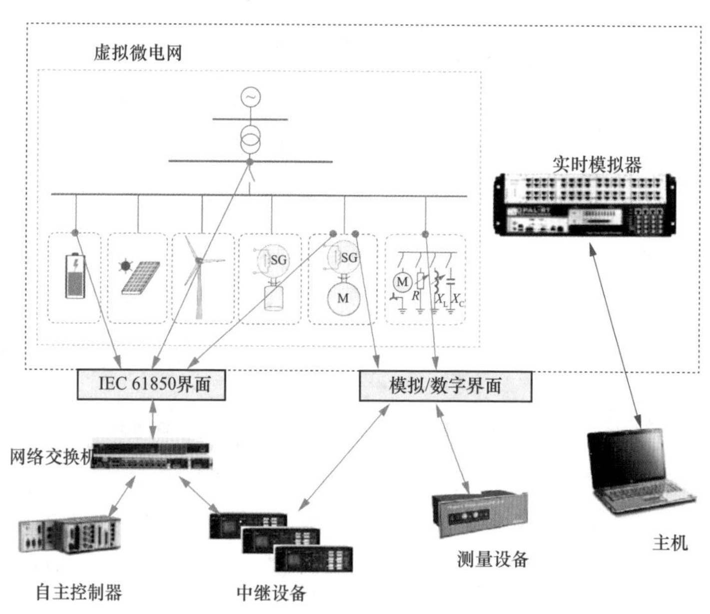

图 11-26 具有 IEC 61850 和 HIL 功能的实时平台

实时 HIL 设置由一个 RTS 组成，使用 IEC 61850 GOOSE 消息传递协议进行通信，如图 11-27 所示。一个模拟器内核用于模拟网络和 DER，而第二个内核用作数字控制器，以实现第 11.1 节中所述的提议的微电网控制器。根据定义 IED 配置和通信的变电站配置描述语言（SCL）文件，RTS 提供了一个发布和订阅 GOOSE 消息的接口。RTS 还提供了一个主机接口，用户可以通过该接口监控实时波形，并在需要时将新设置传递给实时模型。

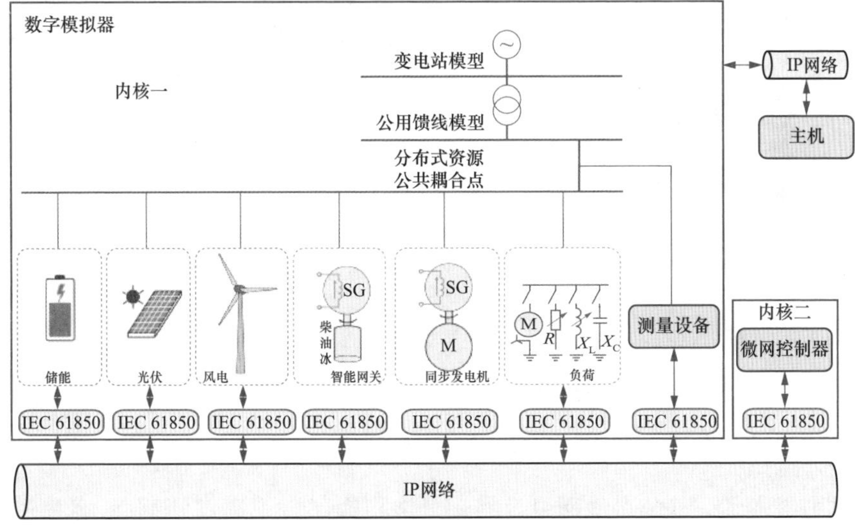

图 11-27　实时仿真配置

12 结论

本书提供了详细的微电网设计指南。该指南考虑了利益相关者/客户的规范要求、设计标准、建议和示范应用，并对微电网实施的技术、限制、权衡和潜在成本和效益进行了评估。指南考虑了微电网的各种应用，包括城市、采矿、校园和偏远社区。该指南的制定采用了系统设计方法，包括设计标准、建模、模拟、经济和技术可行性研究以及商业案例分析。此外，该指南还涉及微电网（电压和频率控制、孤岛和重新连接）的实时运行，以及孤岛和并网模式下的能源管理系统（EMS）的实时操作。

该设计指南分为两部分。第一部分主要是理论研究，涉及研究与开发（Research and Development，R&D），包括技术评估、经济成本效益、存储系统规模、需求响应（DR）、电源管理和控制。第二部分涉及选定的潜在技术的实施。书中包含了一些示范性的结果。总体而言，本书为微电网设计人员提供了设计过程和指南，涵盖从设计目标选择和基准确定，到对所设计的微电网进行验证和测试。

12.1 挑战和方法论

本节描述了书中涵盖的三个主题的挑战和方法论。

12.1.1 主题 1：智能微电网的运行、控制和保护

如前所述，该主题总体上侧重于城市、农村和偏远微电网的运行、控制和保护，特别介绍了以下几方面：①微电网配置的下一代运行策略；②用于微电网概念和技术的分析、设计和性能评估的分析工具；③下一代一级、二级和三级控制功能以及在数字平台中实施的相应算法；④新的自适应保护策略和算法以及微电

网内部相应基础设施；⑤解决阻碍可再生资源在下一代微电网中大规模并网问题的方法；⑥用于微电网运行、控制和保护的最先进的监测、检测、诊断方法和算法；⑦并网、孤岛、微电网的虚拟电厂（VPP）运行模式；⑧通过识别、调整和应用信息通信技术（ICTs）实现与上述目标相关的任务。

12.1.1.1 主题 1.1：远程智能微电网的控制、运行和可再生能源

主题 1.1 的主要目标是研究、识别并开发稳健的控制保护策略及算法；研究 ICT，从而为加拿大远程微电网的最佳监督控制机制和电力管理提供支持；强调最大限度提高风能、水电、太阳能光伏等可再生能源的集成度。主题 1.1 的目标包括以下三个目标。

目标Ⅰ：开发一种稳健且容错的控制策略，能够在受到频繁干扰和负载变化的远程微电网中，优化可再生能源利用。针对具有多个分布式能源（DER）单元电子接口的孤岛微电网，研发多种方法来最小化负载对其控制和频率的影响。所提出方法的基本思想是在低频下（即对应于缓慢变化的扰动），允许 DER 单元之间通过基于下垂的低频控制进行协作；在高频下（即对应于快速变化），切断 DER 单元彼此之间的动态耦合，及其与负载之间的动态耦合。本主题的结果表明，上述方法可以通过鲁棒控制技术实现。

目标Ⅱ：开发一种监督控制，可以调度和最大化 DER 单元的渗透率，包括远程微电网中的可再生能源。因此，提出了一种二级、稳健、多变量、基于线性矩阵不等式的比例积分控制策略，以保证微电网在约束条件下的稳定性。提出的方法能够应对通信延迟和部分中断。还对孤岛微电网的优化选型和调度进行了研究，由此提出了孤岛微电网的单目标优化选型方法。通过该方法，确定微电网的最佳组件尺寸，从而使生命周期成本最小化的同时，保证了全年负荷损失率（Loss of Power Supply Probability，LPSP）较低。由于风速和太阳辐射呈现出昼夜变化和季节变化的特点，因此采取的算法利用了典型的基于气象年的年代模拟和基于枚举的迭代技术。因此本目标是提出考虑非线性特性以及无功功率的数学模型，并提出同时考虑微电网内最佳组件尺寸与电源管理策略的选型方法。

目标Ⅲ：识别和选择可靠的 ICT 和适当的备份策略和算法，以确保供电的可靠性。通过对目标Ⅱ的研究，该目标已部分实现，该研究考虑了通信中的延迟和中断。

挑战

偏远社区通常可以使用一种或多种可再生能源，例如风电、水电或太阳能。由于地理或经济原因，大多数偏远社区要么与省和地区电网完全隔离，要么通过穿越崎岖地形的长而弱的电力线连接到电力系统。此类连接经常暴露在极端天气

条件下，因此会频繁中断和停电。因此，偏远社区的主要电力来源是离网柴油发电机组。除了与柴油发电机组相关的环境问题外，燃料运输还会带来重大的可持续性、成本和物流问题。下一代远程微电网基于可再生能源的最大整合，被认为是全球偏远社区可持续电气化的潜在解决方案。

与城市和农村微电网相比，远程微电网对于控制、运行有着特定的要求与挑战。在某些情况下，它们可以被视为一个单一的电力供应实体，其电力主要来源是柴油发电机组。在这样的系统中，主要目标是：①增加可再生能源的渗透率，并为其提供最大功率跟踪控制，将柴油机组的出力减少到允许的最低限度；②任何时候、无论可用的可再生能源的类型和数量如何，都要确保供电的连续性；③适应具有非常规操作特性的主要负载，包括电机负载；④在参数偏移下提供控制并实现操作的连续性，例如在传统的配电系统中，经常出现电压和频率越限。

在其他情况下，远程微电网可以被视为一个子系统，添加到一些现有的电力系统中，这种系统相对较弱且通常呈放射状，主要由柴油发电机组供电。在这样的系统中，微电网的功能是在不危及供电可靠性的前提下，最大限度地提升可再生能源的集成水平。

在主要依靠 ICT 进行控制和保护的智能远程微电网中，所采用的 ICT 的任何潜在故障不得降低供电的可靠性和连续性，因此必须采取冗余或备用策略。

方法论

对各种类型的远程电力系统配置、潜在的微电网结构以及微电网的运行特性和要求进行了研究。考虑到单相和三相不平衡负载的存在以及负载的不确定性，研究了用于远程微电网精确频率和电压的鲁棒控制，以确保微电网的电能质量、系统稳定可靠运行、允许适当分配负荷和微电网黑启动能力。协调涉及不同电子接口的发电机组，例如可再生能源（风能、太阳能光伏发电等）与传统发电（柴油、生物质和水力发电等）。为了让可再生能源机组与储能设备的有功、无功出力能够适应可再生能源的内在性质与特性，研发了鲁棒协调控制方法，用于控制分散式、多输入/多输出（MIMO）的时变系统。考虑经济与环境问题的情况下，基于对负荷类型、负荷增长速度以及潜在可再生资源的估计，制定了远程微电网的优化设计和运行策略，以确定发电机和设备的类型及额定值。

这项工作还包括研究远程微电网的实时监控策略，以及对可调度机组的发电量的监控策略。对于不可调度的发电机，例如风力涡轮机，监控策略必须限定并调整机组出力，以确保发电机组处于最优出力状态。另外，可以通过储能装置来确保系统整体的出力平衡。考虑到微电网内的发电机组和负荷是分散分布的，因此监控策略必须广泛使用ICT。

考虑到可再生能源运行与控制的特殊性，在制定远程微电网的保护策略和实施技术时应额外考虑。利用时域模型验证所开发的控制和保护策略，包括所需的ICT。利用数字硬件平台实现已开发的控制/保护算法，并在仿真环境中进行性能验证。本主题还考虑了远程智能微电网组件的时域和频域模型的开发，用于对预想的控制和监控策略进行分析、设计和性能评估。可以将开发的模型加入合适的分析工具中，从而实现对控制与监控策略的性能分析评估。

12.1.1.2 主题1.2：智能微电网的分布式控制、混合控制和电源管理

本主题的主要目标是：①研发城乡智能微电网稳定优化运行的先进控制策略和相应算法；②确定实现控制方法/算法和决策支持所需的ICT要求、相关概念和实施技术；③基于离线数字时域模拟、实时硬件在环数字模拟环境和校园内预先指定站点测试案例，验证所开发的算法，包括相关ICT的详细表述。

目标Ⅰ：为了控制时间响应速度和操作约束不同的发电和储能装置，推广基于ICT的分散鲁棒控制方法。与此目标相关的商用技术，特别是传感和通信技术，已经有了显著的发展。因此，所开发的控制策略和算法的应用场景将更广泛。

目标Ⅱ：在智能微电网受到内部不平衡条件约束，及其发电机组的大小、数量和特性广泛变化的条件下，都需要保证分散控制鲁棒性。这个目标在很大程度上独立于技术，主要基于对数学方法的钻研与理解，即控制和管理算法的设计。

目标Ⅲ：开发电源管理系统，以在不同时间范围内、各种运行模式下提供智能微电网的最佳运行，例如孤岛模式下的二级和三级控制。由于微电网应用的市场需求发生了重大变化，该目标也进行了修改。修改后的目标满足了目前考虑的所有预期应用。这项工作的主要成果包括三类电源管理策略，以及农村微电网、城市微电网和城市微电网的VPP运行模式的相应算法。

挑战

在传统的微电网中，主要关注点一直是并网分布式发电（Distributed Generation，DG）机组的连接和运行。控制系统主要是指控制单个DG机组向系统中注入预先指定的有功功率和无功功率。这种控制通常会通过电压和频率的反馈来增强，以协调DG机组之间的出力与负荷分配。在微电网需要在孤岛模式、VPP模式、并网模式等不同模式之间转换，同时实现微电网间和微电网内的控制的情况下，传统的控制方法显露出弊端。它既不能将其控制于最佳运行状态，也不能保证微电网各种场景下的电压稳定性。从而现在面临的问题十分严峻。

传统的农村和城市微电网本身就受到严重不平衡的影响，因此在设计组件模型和控制方式中需要特别考虑。可再生资源，例如风能和太阳能光伏装置在微电网中具有很高的渗透深度，但本质上大多是不可调度的。微电网内 DER 单元之间具有不同的控制特性和时间响应。电子集成的 DER 单元的采用嵌入式控制，并与多个保护功能动态交互。并且，在传统电力系统中旋转发电机与负载直接耦合，其具备惯性响应，其中大惯性和慢动态表现出显著的稳定效果，在系统受到干扰时，有更多的时间采取纠正控制措施。然而，电子集成的 DER 单元缺乏这种惯性响应。此外，很大一部分负载，例如电机驱动器、插电式电动/混合动力汽车、计算机和电器可能会给系统带来不稳定或至少有害的影响。这些因素在微电网控制和优化运行方面带来了额外的挑战。

对于 DER 所面临的大量瞬态场景，DER 单元的控制要求、优先级和功能变化很大，因此需要高级的控制策略和最新信息数据才能够实现有效控制。交互现象的模式、性质以及 DER 单元的行为模式都有待了解与研究，特别是在微电网的自主运行模式下，与大型传统汽轮发电机组的模式和行为模式有显著差异。另外，在孤岛模式时，微电网处于动态过程的频率变化范围相较于传统电力系统也更大。

默认情况下，微电网需要快速（理想情况下是实时）和准确地进行故障检测和识别，因为其地理范围较小且其设备之间电气间隙较小。从其物理尺寸、经济型考虑，使得微电网控制系统必须能够适应大量 DER 单元的运行及其特性的变化。微电网内的 DER 单元可以有多个控制选项，可以激活/停用这些选项以响应特定的操作条件。微电网控制系统必须能够选择 DER 单元的最佳控制模式并提供模式之间的切换。这些考虑因素与传统大型电力系统的现有控制概念和配电系统中的慢衰落中继通信方案完全不同。

另一个主要挑战是，智能微电网缺乏合适的组件数学模型、分析工具、设计工具和性能评估工具。广泛用于大型互连电力系统的分析、设计、仿真和性能评估工具大多不能直接应用于微电网，或者其无法准确识别微电网自身的不同性能特征。主要原因是：①微电网内有各种新设备和组件，特别是基于电力电子的设备；②微电网中存在单相发电、负载和侧线，因此在稳态与动态过程中存在不平衡现象；③与传统的大电力系统相比，微电网的运行模式明显不同；④需要从一种操作模式频繁转换到具有不同操作特性和控制/保护要求的另一种模式；⑤在正常运行情况下，发电机组和负荷的位置、幅度和特性发生频繁和广泛的变化。

方法论

本主题的方法将智能微电网控制问题分为三个不同的子问题，这些子问题与以下几个方面相关：①并网运行模式；②自主或孤岛运行模式；③这两种模式之间的转换。并网运行模式进一步细分为两种，即常规模式和 VPP 模式。第一项任务是确定并建立每种模式的结构、设备以及操作特性和规范，例如：储能装置的配置和不可调度装置的充放电深度要求。接下来的任务是在微电网孤岛模式、并网模式、VPP 模式以及不同模式转换之间，识别、优先排序并制定微电网的相关技术问题，包括微电网的控制、集成控制保护以及城乡微电网的配置及运行等。研究和开发用于控制设计的分析工具，例如线性动态模型，用于表示不平衡条件、由于刚性不足引起的同步振荡以及大的频率变化。开发信号处理和系统识别方法来提取控制设计所需的控制信息。利用辅助控制器，协调微电网间和微电网内的性能要求。在这种情况下，必须研究和评估相量测量装置（PMU）在智能微电网以及多个微电网的协调和 VPP 运行模式中的应用。这项任务需要开发相量测量方法，它可以：①适应大而快的频率/角度偏移（与传统电力系统相比）；②无需大量计算硬件资源即可实现数字化实施。

微电网现有控制策略旨在：①控制有功功率和无功功率注入；②限制频率/电压控制和功率交互。它们主要是为并网模式和预先指定的孤岛运行模式而开发的。这些方法主要存在以下弱点与限制：①控制器性能缓慢，因此它们经常违反现有的操作标准要求；②缺少鲁棒性和无法适应各种微电网的不确定性；③参数变化后不能保持系统的稳定性和性能要求；④依赖于微电网的特定配置；⑤需要高带宽和昂贵的通信链接；⑥缺乏通信故障时的后备控制方案；⑦需要中央控制器，在微电网拓扑变化后需要修改微电网控制策略和参数。

本主题设计了一种综合控制方法，解决了上述控制方法的大部分缺点。该方法基于一种新型鲁棒伺服机构控制器，这种控制器适应基于非保守鲁棒性约束的结构和参数不确定性，以此为基础的控制方法是高性能、多输入多输出的分散鲁棒控制（MRD，MIMO，robust，decentralized）策略。这种通用方法是通过 ICT 来保证智能微电网内多个发电和储能装置在多种模式下的鲁棒性，主要包括并网模式、孤岛模式、VPP 模式、不同模式之间的转换。MRD 控制方案：①证明将时变信号传送到需要高带宽通信链路的远程控制系统的必要性；②消除了本地控制器的相互依赖；③减少高阶系统（即智能微电网）的计算负担，通过将系统拆分为多个虚拟子系统，并以分散的方式实现控制。控制系统被构建为中央监控单元和与每个发电/储能单元相对应的分散式本地控制器的集合。这种结构构成了混合控制器。

智能微电网内的发电/储能单元通常分为两大组，即主导单元和较小单元。根据微电网的拓扑结构和规模，主导单元主要用于调节系统电压。中央控制器确

定电压参考点，使微电网内电压正常分布。电压调节单元在瞬变期间还起到稳定系统的主要作用。较小单元主要维持微电网的发电和需求，由中央控制器确定它们的有功和无功功率参考点。不论微电网经历何种干扰和变化，本地控制器都需确保相应的单元跟踪其参考点。必须设计一种独立于通信链路（例如基于下垂的控制方法）的后备控制方案，以便在发生通信故障时可以承担控制任务。控制系统还负责智能微电网的二次频率电压控制和三次频率/电压控制。通过使用基于"能量函数"的计算引擎增强智能微电网控制系统，为相应的电压频率控制提供实时二级和三级控制参考点。

智能微电网通常还配备电源管理策略，以确保最佳运行并适应以下几种情形：①并网模式和孤岛模式之间的有意转换；②微电网内的孤岛事件；③支线转移；④故障、自适应保护和拓扑变化；⑤负荷或发电量突然变化；⑥负荷或发电量发生实质性的变化；例如电动汽车（EV）/插电式混合动力汽车（PHEV）；⑦遵守市场信号、燃料状态和储能装置的充放电状态。

电源管理系统需要以下有关方面的实时信息：①微电网内部控制和外部控制器的运行条件、限制、状态；②主要发电机组、主要不可调度机组和大型储能装置的情况；③EV/PHEV 充电/放电状态；④市场信号、天气状况、负载变化的统计情况；⑤传感器、监控设备和自动仪表。

电源管理引擎需要处理信息并执行实时优化以达到以下目的：①将控制优先级/任务分配给预先指定的设备；②越限的控制措施；③禁用/启用特定控制器；④指定特定的电路重新配置/更改；⑤决定特定的 DER 单元、部分或全部微电网的计划孤岛；⑥协调内部和 VPP 模式控制器。

针对通过公用网络互连的城市和农村微电网集群，基于"智能代理"和"自治系统"概念，将每个微电网作为一个"智能单元"运行，研究其运行与控制的基础概念和数学公式，使得微电网能够在长期动态中实时响应市场信号。

此外，还开发了时域模型，使用生产级软件工具来研究控制策略的动态和稳态性能，并评估算法和相关的 ICT。还开发了用于实现所选的控制/保护算法的数字硬件平台，在实时、硬件在环仿真环境中进行性能验证。与合作伙伴开展行业合作，在校园内预先指定站点测试案例，验证所开发的算法。

12.1.1.3 主题 1.3：智能微电网的状态监测、干扰检测、诊断和保护

本主题的主要目标是研究、开发和展示城市和农村微电网的保护策略，包括扰动检测、状态监测和诊断研发，在主题 1.2 设想的运行模式下实现可靠的保护。

目标Ⅰ：开发用于监控智能微电网的传感方法和相应识别技术，以及开发实

时提取保护信息的计算策略。这项工作取得了两项研究成果：①一种状态估计方法，为微电网的监测和保护提供了更高的可观性（涉及针对微电网量身定制的状态估计问题的新公式）。②一种用于微电网和互连系统的通用干扰检测方法。这项工作创新点是使用自动和“软”阈值进行干扰检测。它专为检测早期故障而设计。

目标Ⅱ：开发一种自适应保护策略，可以实时可靠地识别故障属性，不受各种智能微电网配置、拓扑变化和运行模式的影响。这项工作的主要成果是提出了一种“解耦”方法来处理微电网中的保护协调问题。我们的想法是限制分布式发电机的故障电流，使其不对微电网的保护产生干扰。为此，开发了一种限制来自同步 DG 故障电流的场放电方案。该方案的有效性已通过仿真研究得到验证。设计方法也得到了发展。还研究了基于逆变器的 DG 对熔断器-重合器协调的影响。提出并验证了一种可以限制逆变器故障电流输出的新型控制方案。还研究了感应发电机的故障电流。发现这种类型的 DG 不会干扰微电网保护。这种 DG 放电故障电流太快，保护无法响应。

目标Ⅲ：智能微电网自适应保护策略与电子接口 DER 单元快速控制的协调和集成。在孤岛保护、同步和早期故障检测领域进行了研究，认为保护协调问题可以使用“解耦”方法解决。为此，研究了各种孤岛检测技术。几年前提出的基于电力线信号的孤岛检测技术是一种优越的方法，因此没有探索新的方法。大量的研究工作致力于同步领域，并提出了一种新颖的微电网开环同步方法。该方法基于减少与同步相关的开关切换，例如接入阻抗和励磁涌流闭锁。研究结果表明，接入阻抗是最好的选择。基于这个想法开发了一种开环同步方案。

额外工作

微电网保护面临的一个新问题是基于逆变器的 DG 的低电压穿越（LVRT）能力。了解这种能力对于保护设计非常重要。探讨这个主题，又促进了一种分析方法的发展，该方法主要是对几个关键 LVRT 控制方案的性能进行分析。并且通过该主题，提出了改进基于逆变器的 DG 的 LVRT 性能的新方法。还开发了一个用于在 24h 内模拟住宅微电网的随机模拟平台（并用于支持在目标Ⅰ下进行的研究）。

挑战

一般来说，适用于微电网的保护概念通常被视为对径向配电系统传统保护策略的干扰，相关问题既没有得到充分研究，也没有在概念上得到解决。然而，为了充分利用微电网的特点和优势，在设想微电网运行模式、结构和技术特点以及经济效益时，应认真考虑新的保护策略、算法和技术。与传输系统的保护相比，微电网的保护在概念上更为复杂，并且由于需要微电网在以下条件下实现良好运行，因此任务更加复杂，这些条件包括：①不同的运行模式，例如并网和孤岛模式；②具有显著的不同瞬态特性的各种不同类型和数量的发电机组；③线路、发电和负载的高度不平衡会掩盖故障和干扰特征；④优先考虑预先指定负载的供电连续性和高电能质量，尤其在大范围的干扰和负载/发电机组通、断电条件下；⑤过渡到孤岛模式并重新与主网同步；⑥DER 装置控制策略的改变，例如电耦合 DG 机组从 P-Q 控制策略向电压-频率控制策略的转变；⑦需要适应任何线段中的双向潮流；⑧缺乏明确的指导方针、标准和操作经验来定义参数和变量的允许变化范围和限制。

此外，在保护问题方面，城市和农村微电网由于其本质上不同的配置和特性，以及主电网的具体条件，通常会面临特定的挑战。城市微电网通常连接到“强大”主电网，其电气长度相对较短，包括地下电缆和架空线，并且可以在多个连接点与主电网建立接口，例如大城市中心城区的二级配送系统。相比之下，农村微电网通常连接到相对弱的主电网，该电网跨越很长的地理距离，主要包括架空线，并受到例如风暴、结冰和闪电等恶劣天气条件的影响；包括很长的单相支路，采用多条接地中性线，通常在严重不平衡负载条件下运行；包括很大比例的电机负载。

方法论

现有配电系统保护策略，主要考虑以下几点：①预先指定的潮流方向；②固定继电器设置；③响应相对较慢，不适用于智能微电网。原因是在微电网中：①控制和电源管理的成功运行依赖于故障/干扰的快速检测和隔离；②保护策略必须在不中断系统的情况下适应有意的或意外的拓扑变化；③继电器设置必须适应发电和储能单元、EV、PHEV 单元以及负载的数量、位置和状态的变化；④必须适应相间负载/发电的严重不平衡和转移。因此，主题 1.3 侧重于智能微电网自适应保护的概念，主要应用了以下几方面内容：①多层和对等通信；②来自感应、监测、和自动化仪表；③集中式和分布式计算资源和逻辑元素；④分布式智能代理。从而，保护方法必须适应特定和特殊的配电系统特性，例如：①三线和四线配置；②单地或多地线路；③各种变压器连接类型和结构。在这方面，基于应用中性网络方法的“边做边学”的概念受到欢迎，以增强、促进所设想保护方法的适应性和性能。

该方法还涉及系统的基准研究，包括控制要求、监管约束和问题，这些基准反映城乡微电网固有稳态、动态和瞬态特性。对基准系统进行研究，以识别和评估最坏的情况、操作和参数限制、监管和标准约束与缺点。该信息用于开发分析工具，用于微电网的在线分析，根据来自分布式检测节点和自动计量的信息进行实时监控和状态评估。这有助于诊断压力条件，用于对自适应保护行动和决策进行预处理。

为了指定响应技术用于检测和区分故障场景和允许的干扰，还研发了响应的策略与算法。例如孤岛、同步、DER 通电和断电事件，以及微电网运行条件的突然变化，例如响应市场信号。相应的策略与算法有助于确定所需的基于 ICT 的技术，以在集中、分散或混合结构中适应和处理上述结果。事实证明，基于本地测量、监测信号以及辅助信息的保护策略可为微电网提供自适应保护。因此有必要在生产级软件平台中使用确定的基准系统，基于时域仿真评估以前的模型，并与公用事业行业合作并确定测试站点，以验证在测试站点处关于微电网的发现。

12.1.1.4 主题 1.4：解决智能微电网中 DG 单元超高渗透率障碍的运营策略和存储技术

配电系统中给定的可再生能源渗透率通常受到技术因素的限制，即与基础设施的载流能力相关的热限制和性能要求（通常由标准决定）。前者基本上由最坏情况决定，而后者需要了解系统的运行行为，包括电压曲线（稳态、闪烁）、频率（如果配置为在孤岛模式下运行）和可靠性。为此，需要对负载、DER、配电网络运行及其组合特性进行建模，以了解上述要求将受到何种影响，从而确定可再生能源的渗透率限制。

目标Ⅰ：研究和制定能源管理策略，并确定与大量可再生分布式能源相关的阻碍。为了实现这一目标开展了大量工作，这些工作使得在城市和农村微电网中，都可以达到识别微电网控制器与并网、孤岛相关联的指标的目的。该主题还建立了一套微电网控制器目标和约束来解决运营技术问题，同时考虑到公用电网规范和标准。

目标Ⅱ：建立考虑成本优化的性能优点，并提供基于模拟测试用例的评估。本主题开发了公用事业微电网的离线和实时仿真模型，以评估微电网控制器的性能，主要包括以下内容：①可用的 DER 及其相关的本地控制回路的建模；②评估微电网控制器性能指标；③实时微电网控制器 EMS 的建模。此外，还开发了实时硬件在环测试平台，用于公用事业微电网的控制验证。

目标Ⅲ：评估存储技术、操作模式、辅助服务功能和价值。这项研究促成了以下项目的开发：①基于知识的专家系统（KBES），用于对安装在风-柴油隔离电力系统中的储能系统（ESS）进行调度；②一种新颖的同步控制策略，用于协调孤岛微电网中的分布式能源，包括储能；③在可变发电普及率较高的系统中，

确定 ESS 优化尺寸以降低能源成本的系统方法。

目标Ⅳ：研究和开发译中策略与算法，用于解决基于存储技术和 ICT 的大量可再生能源渗透障碍的问题。针对这一目标的工作能够使得 KBES 用于对安装在风-柴油隔离电力系统中的 ESS 进行调度，并且提出一种为微电网控制器制定多目标优化（MOO）的方法。实现该目标的好处包括最大限度地降低能源成本、降低峰值功率、平滑功率、减少温室气体排放以及提高服务的可靠性。

目标Ⅴ：基于计算机模拟测试用例评估所提出策略的性能，并验证校园测试站点中的储能和 ICT 性能。该目标能够使微电网控制器在校园微电网系统（太阳能光伏＋电池＋负载）的测试中采用 MOO 方法。

挑战

虽然技术限制使可再生能源的整合存在很多挑战，但从经济方面考虑，这可能会是一种较好的运营方式。例如微电网输送或消耗的能源价格随时间变化、基础设施的使用方式（例如串联调节器的分接开关操作过于频繁）以及能源输送过程的效率等问题都需要包含在运营策略中。

高渗透率可再生能源的微电网的一个重要特征，是其内部含有很多不确定性因素。未能解决这部分问题的能源管理方法将达不到预期效果。这些来源至少包括：能源（可再生能源、可控负载和储能）的随机性、网络配置以及孤岛模式与并网模式下微电网的持续时间。

方法论

微电网优化能源管理的方法被定义为混合整数多目标优化问题。这种方法需要定义微电网的目标、不同的运行模式、描述不确定性的随机变量以及 DER 和电力系统基础设施的模型和约束。DER 应包括本地发电、热电联产（CHP）、电力和热储能以及需求响应资源。

为了阐述该方法的应用场景，使用了一个或多个基准系统，并使用基本系统和 DER 集成的各种场景。这将可以对比微电网的运行性能，比较是否拥有适当的 EMS 和传统系统运行中的系统情况。典型的数据来自所有网络合作伙伴共有的数据库，包括可再生能源生产、负载数据和电力系统中断概率。这需要与其他主题共同协调。然后使用这些基准系统来演示验证概念，使用可量化的性能指标。

这项研究依赖于通用代数建模系统（GAMS）等优化工具和分布式能源用户方案采纳模型（DER-CAM）等公开可用工具来开发 EMS。该系统通过至少一年中每小时的数据进行了模拟，并使用其在 MATLAB 中进行了验证。

12.1.2　主题 2：智能微电网规划、优化和监管问题

该主题侧重于描述创建智能微电网的规划、经济和技术理由、与主电网的交互相关的问题，包括将微电网连接到主电网的公用事业监管要求、相关的能源和供应安全考虑将多个微电网集成到主电网、微电网能源管理、需求响应和计量要求以及集成设计指南和性能指标。

12.1.2.1　主题 2.1：成本效益框架——次要效益和辅助服务

本主题研究了创建智能微电网的成本效益分析和论证的总体框架。它还从微电网管理者和配电系统运营商的角度定义了电网互连要求。新功能或先进智能微电网自身的改进性能证明了增加给定系统的复杂程度是合理的。从经济角度来看，这种争论是通过将货币价值附加到额外复杂性的成本上来量化的，权衡通过这些增强功能实现的货币化收益。对于公用事业和企业管理者，需要针对给定的技术提供商业案例分析，以便向利益相关者或监管机构证明其整合是合理的。本主题专门讨论了智能微电网的成本效益框架及其作为一种新的配电系统技术的可行性。它还考虑了额外的设备，例如储能；以及电力管理机制，例如需求侧管理，这可能需要平衡发电和负载，特别是对于可变发电，例如基于可再生资源的发电。

目标Ⅰ：建立收益清单和量化直接能源供应收益的框架，同时考虑公用事业互连要求。为微电网建立成本效益分析原则，包括目前市场上可能没有估价的所有收益，或者直接经济价值可能无法代表微电网可为利益相关者提供的全部收益。这项工作考虑了多个利益相关者和所有权模式，并进行了案例分析。开发了一种方法来评估关键收益，包括：可靠性改进、提供辅助服务、因峰值负荷降低而延迟投资的效益、温室气体（GHG）减排。

目标Ⅱ：制定量化直接收益货币价值的方法。开发了一种方法来评估集成风能、太阳能、储能和需求响应技术对孤立的偏远社区和采矿微电网中的资金流动的影响。

目标Ⅲ：制定实施和量化辅助服务的框架。开发了一种框架和方法以及基于EXCEL 电子表格的分析工具来评估提供辅助服务的好处，并将该方法应用于频率调节服务。

目标Ⅳ：最大化微电网效益的规划和优化方法。通过这项研究，课题组开发了分布式能源和微电网经济调度方法和技术，用于整合以柴油机组为动力的偏远社区内的可再生能源；开发了在规划阶段代表微电网中风能、太阳能和储能装置所需的 DER 模型和数据；开发了基于 EXCEL 电子表格的分析软件工具，用于评估提供辅助服务的并网微电网的商业案例。这些工具代表了商业分析软件

DER-CAM、RETScreen 和 HOMER 的替代品，并使用上述工具进行了验证。

目标Ⅴ：该方法在商业、工业和偏远社区环境中的微电网示范中应用。这项研究为微电网系统提供了一个商业案例，并提出了替代规划解决方案，以证明校园开放式访问可持续间歇资源（OASIS）系统的经济运行是合理的。还为以下各项制定了商业案例：①Quebec 的采矿微电网；②Calgary 的城市微电网的优化规划；③将压缩空气储能（CAES）与风能结合用于偏远社区。

挑战

微电网通常被认为是一种可以提高本地系统可靠性、有助于整合可再生能源并提高电能质量的技术。然而，为了促进与微电网相关的额外控制和操作模式的发展，需要额外的设备。一旦确定了必要的要素，就可以量化与此基础设施相关的成本。然而，有部分成本更难以转化为美元价值，例如与更改操作协议、培训和新安全要求相关的成本。微电网的许多优势都需要额外的考虑，将其量化为经济收益。微电网最重要的好处之一是提高可靠性，但对本地配电系统的定义不明确；通常，它是跨服务区域定义的。此外，关于如何将电力系统可靠性指数（例如系统平均中断持续时间指数（SAIDI）和系统平均中断频率指数（SAIFI））的提升量化为成经济收益，在这方面几乎没有达成共识。辅助服务是另一个可能的好处，但辅助服务市场通常不适合传输系统；在输电级别，不存在辅助服务。因此，需要与行业合作伙伴仔细讨论微电网的这些优势，以确定所做的假设是否合理。在某些情况下，需要在网络成员之间定义和讨论新的绩效指标。一旦明确界定了成本和收益问题，就需要开发和评估业务案例。为此，必须定义某种可用作参考点的基本情况，这个参考点就现状的配电系统，即分布式能源和微电网整合之前的配电系统，但这又需要由网络内的合作伙伴进行讨论。最后一个迫在眉睫的问题是：如何测试成本效益框架中的假设？换句话说，如何检查由此产生的成本和收益，判断它们是否与真实系统匹配？

方法论

与智能微电网相关的所有可识别成本和收益（包括温室气体）首先根据其货币化的难度进行列举和分类。如前所述，这需要定义新的性能指标，并对这些措施的每单位的改进价值进行假设。由于微电网极大地影响了系统的运行方式，因此必须充分理解当前的运行实践和系统约束（配电系统和单个 DER）并对其进行充分建模。然后必须将成本效益框架应用于一系列案例研究（网络类型、本地发电的类型和数量、现有运营方法）。必须针对每种情况评估微电网概念的可行性。此外，还进行了敏感性分析，以确定业务案例如何根据不同的经济情景（能源价格、微电网技术的固定成本、融资模式）发生变化。在可能的情况下，依靠以可再生能源为主题的经济评估工具（RETScreen、HOMER）来进行经济分析，包括敏感性分析。然后将结果与本主题内其他主题的运营数据进行比较，以确定预期收益是否确实得到了体现。

结果

研究结果回答了以下问题：考虑到今天的价格和对未来价格外推的最佳估计，微电网概念在什么条件下具有经济意义？它是否依赖于应用程序（例如市中心网络、商业区、工业厂房、农村系统）？它是否依赖于DER（例如技术和渗透水平）业务案例能够使用的预定义的性能指标量化微电网实施的价值。影响其可行性和经济可行性的最重要参数是有助于快速确定可行的工业和商业主题的重要结论。

12.1.2.2　主题2.2：能源和供应安全考虑

本主题涉及将多个城市和农村微电网整合到互联电力系统中。本主题首先从以下四个方面评估和量化微电网集成对主机互联电力系统的影响：①技术性能；②供应的可靠性；③经济方面；④潜在的基础设施需求，尤其是数据通信监管网络和相关信息技术方面。根据分析结果，本主题还提供了大量指导性的解决方案，以解决包含多个微电网的电力系统的技术问题、市场要求以及标准和监管方面的问题。

传统的城乡微电网主要处理分布式能源单元的“连接”和“运行”，主要是为了满足主机配电和电力系统的运行、控制和保护所需要的技术。因此，预计对上游系统的影响最小。智能微电网基于使用数据通信网络、智能传感器、自动化仪表和集中监控，将微电网呈现为一种具有胞内相互作用特性的微网格单元。预计内部调用交互具有受控性质，以协助主机上游系统，并且对整个系统操作特性的干扰和不利影响是最小的。然而，随着电力系统中集成的微电网数量的增加面临的难点有以下几点：

（1）微电网集群与主电力系统之间的相互动态交互作用现象可能对主电力系统在电力输送的可靠性、瞬态性能、潮流优化、保护要求、电能质量和市场方面产生不利影响。

（2）通过主电力系统在微电网之间的相互作用现象，发现这一现象会限制微电网功能和经济性的最佳利用，甚至使微电网的这一概念在实际利用中变得无意义，在技术和经济上失去价值。

（3）微网之间、微网集群与主网之间的相互作用现象，会给“主动配电网”和“智能电网”特征、概念和技术的成功实施带来技术上的障碍。

交互现象覆盖广泛的频率范围和不同时间内的不同状态；即毫秒到多分钟甚

至是稳态，因此需要评估和提供整体系统保护，包括主要、次要、甚至三级控制。

本课题的重点是：①研究、识别和量化多个城市和农村微电网对主电力系统的影响；②开发用于调查的模型、分析方法和基于软件/硬件的模拟工具；③研究和评估多个微电网在“主动配电系统”和“智能电网”应用中的影响；④识别、研究和开发实现控制方法/算法和决策支持所需的 ICT 和概念；⑤验证基于数字时域（实时或离线）模拟测试用例的开发，以及一组特定用例的 β 位点测试。这些问题既没有得到充分的认识，也没有得到系统的研究，甚至模型和分析工具也没有开发出来。需要指出的是，上述问题的解决必须同时兼顾技术方面、标准要求以及监管和政策的需求。

目标Ⅰ：量化微电网对互联电力系统的稳态、动态和暂态性能的影响。这个目标专门处理微电网及其相关发电单元的技术问题，即动态行为。这项工作的主要成果包括：①提出一个全面的、定量的指南，用于预测微电网在稳态、小信号动态和大信号瞬变期间对其主机电力系统的行为影响；②提出一个全面、定量的指南，用以确定适当的控制方法，防止微电网意外瞬变后产生的不利影响；③可能导致微电网变量达到临界值并可能导致 DER 跳闸和停用的瞬态现象的列表和分类。

目标Ⅱ：确定潜在的违反监管要求和标准的行为，以及需要为微电网大规模普及制定指导方针。这一目标极其难以实现的，由于监管要求、可接受的指导方针和它们之间的联系限制高度依赖于所考虑的管辖权、单元和微电网规模、单位类型、主机系统结构和运行特点。因此，目标实施范围仅限于安大略地区电网，并进一步将指导方针分成城市微电网和农村微电网中分布式资源高渗透水平来考虑。其最终结果就是用一套准则来共同满足安大略地区微电网和 DER 集成的稳态和瞬态要求。

目标Ⅲ：开发监督控制和电源管理策略和算法，以实现微电网的部分或完全控制，并最大限度地减少微电网内的不利影响。通过将微电网对外部干扰/瞬变响应的时间范围划分为四个不同的时间范围，该目标是 VPP 模式下微电网在系统动力学和市场信号响应方面运行的主要标准。第一个时间范围涵盖前五个周期（60Hz），第二个时间范围涵盖接下来的 45 个周期，第三个时间范围涵盖最多两分钟，第四个时间范围涵盖最多 15 分钟。开始时间间隔并考虑随后的间隔。如果没有遇到干扰，则第四个间隔继续直到发生变化/干扰。对于每个时间间隔，系统在建模和分析工具方面都进行了单独分析，因此控制动作由本地控制器的监督控制施加。

方法论

实现主题目标的方法论如下：

（1）识别和分类与电力系统中大量城乡微电网并网相关的技术问题，包括现有的电力标准和可能的潜在违规行为、新的监管问题和政策要求。针对加拿大的基本国情和社会发展，应特别注意与电力系统的一部分中存在多个微电网相关的问题，这些微电网没有高度联网，甚至可能主要依赖单一的径向电力传输走廊。

（2）研究和开发相应的分析模型和模拟工具，用于对各种操作条件下的评估；对潜在的技术、经济、监管和标准问题进行识别和量化；操作、控制和保护策略以及相应算法的综合；智能传感器仪表、数据通信网络和信息技术基础设施的建设；发展先进技术，例如 ESS 和基于电力电子的设备，例如子循环转换开关；树立先进的作战理念和战略，例如主动配电系统和智能电网；对设想的解决方案进行定量评估。

（3）评估并可能修改/修正传统上被视为大型互联电力系统的纯领域的战略、方法和工具，例如：①电网运行中长期稳定性的分析和增强；②二次和三次电压/频率控制；③用最佳潮流（OPF）来代表子输配电系统，并提供所需的细节来反映智能微电网的影响。

（4）研发基于智能传感器和诊断算法、自动化仪表、通信基础设施和信息技术的监控网络，用于主电网及其嵌入式多个智能微电网的决策支持、可视化和协调运行。这项研发任务将利用最先进的开发成果在同步相量测量策略和技术方面取得新进展，以提供对主电网及其集成多个微电网的监测、保护和控制。

（5）根据可靠性相关约束、电能质量限制和环境要求，研究和开发综合主电网和微电网效率最大化的策略和算法。

（6）指定基准系统并开发时域（实时和离线）模型，使用生产级的工具，调查和评估上述研发成果的发展，同时考虑监控网络及其通信基础设施和信息技术的可行性。

（7）与公用事业行业合作确定一个测试站点系统，用于对选定的研发结果进行实验评估、验证和演示。

（8）确定监控智能网以及嵌入多个智能和常规（城乡）微电网的大型电力系统安全协调运行的相应技术。

（9）提供基于 ICT、智能传感器和自动化仪表的保护、控制和运行策略及算法，以确保整个主电网及其嵌入式（城市和农村）微电网的安全、可靠和协调运行。

（10）解决标准/指南中所需的实际数据和材料变更/修改，使其符合与电力系统中微电网高度集成相关的新政策和监管问题。

（11）提供模型和分析工具来评估电网运行性能并实现预想策略和算法的系统设计。

（12）考虑数据通信、智能传感和监控技术，提供基准系统的案例研究结果，定量分析策略、算法和分析其技术的局限性。

（13）对选定的一组场景执行站点测试以演示其测试结果。

12.1.2.3 主题 2.3：需求响应技术和策略——能源管理和计量

本主题侧重于通过传感和计量了解目标负载的情况来开发需求响应策略和技术。通过传感和计量了解目标负荷的负荷分布。通过实时测量收集的数据作为能源管理决策基础，使其符合系统预定义的能源管理属性和要求。

目标Ⅰ：确定微电网部署增加对环境、经济和社会影响及其整体可持续性。这项研究开发了新的数学模型，用于表示孤立微电网中柴油发电机组的排放特性。这些模型集成在 EMS 框架内，然后制定了不同的基于多目标的微电网 EMS（MEMS）模型，同时最大限度地降低了运营成本和污染物排放成本。为了突出需求响应对污染物排放和微电网运行的影响，建立了智能负载的恒能量需求转移模型。为了应对不确定性，采用了模型预测控制（MPC）技术。

目标Ⅱ：设计能源感知调度算法并确定在微电网中实施的此类技术的成本和收益。建立了智能负荷的数学模型，将智能负荷集成到隔离微电网的集中机组组合（UC）和 OPF 耦合 EMS 中，以实现最优发电和峰值负荷调度。采用神经网络负荷估计器对智能负荷进行建模，将神经网络负荷估计器作为环境温度、一天使用时间、使用时间价格和微电网运营商施加的峰值需求的函数。为了开发基于神经网络的智能负载估计器，使用实际能源中心管理系统的真实数据来进行模拟仿真。基于这些，提出了一种基于 MPC 方法的新型 MEMS 框架，该框架在同时考虑潮流和 UC 约束的情况下，提供可调度发电机、ESS 和可控制负载的峰值需求的最佳调度决策。利用国际大型电力系统理事会（CIGRE）基准系统，研究了基于 MEMS 框架下的 DR 对微电网运行的影响，该基准系统包括 DERs 和基于可再生能源的发电。结果体现了所提出模型和方法的可行性和优越性。

目标Ⅲ：在考虑对主电网可靠性和容量的影响和约束的前提下，提出了微电网内部负荷平衡能力优化算法。通过电压调节为隔离/孤岛微电网开发了一种频率控制机制。所提出的方案利用了负载电压对工作电压的敏感性，并适用于各种类型的孤立微电网。所提出的控制器具有多种优势，例如允许在隔离/孤岛微电网中集成大量间歇性可再生资源，而无需大型 ESS，提供快速、平稳的频率调节，无稳态误差，不受发电机控制机制限制影响。该控制器不需要额外的通信基础设施，仅使用本地电压和频率参数作为反馈。控制器的性能通过在 PSCAD/EMTDC（电力系统计算机辅助设计/电磁瞬态）软件环境中基于真实微电网测试系统的各种仿真研究进行评估和验证，使用小扰动稳定性分析来评估和验证控制器的性能。证明所提出的控制器在系统阻尼方面的改进功能。

挑战

EMS 使用先进的控制和通信技术将信号发送到在关键或高峰需求期间定位的负载集群。在微电网中，需求响应负载可以在收到信号后被激活并被集成到优化策略中。该信息将使用适当的通信协议传送，用于微电网的分布式自动化，以便在孤岛和电网重新连接之间的过渡期间管控微电网。评估快速和自动的需求响应计划，再加上现场能源生产，量化调峰节能的范围需要进行评估。定义了一个在维持最高供电可靠性的同时，在接近裕度的情况下运行系统所需的额外规定，该主题考虑了通过需求响应、调峰和停电恢复进行的最佳资产管理。此外，它还通过评估微电网投资者的市场定价方法作为区域或节点网络约束的函数来研究收益的归属。这项研究的独创性在于，除了为每个主题开发新颖的算法和技术外，它还利用了开发综合智能电网系统所需的专业知识。

方法论

本主题的目的是与传统的大型电网相比来评估使用微电网相关的收益和成本。更具体地说，通过建模和测量手段对（广义上，在经济、社会和环境方面）特定利益管辖范围内的一系列个人和组织产生的影响进行评估。研究了两个问题：微电网快速响应而产生的后果；由于微电网可以靠近负荷中心而产生的后果。基于这些问题，进行了以下研究：①微电网时态问题和调峰研究，以调查减少使用集中电网带来的不利影响，以及增加 DG 的使用以满足负载需求。构建了一个用于评估不同情况的通用模型。确定了输入并进行了一系列案例研究，包括“概念”和“经验”，它们可能因系统的不同碳评级而不同。进行了敏感性分析，得出具有政策性意义的一些结论；②微电网位置影响和节点定价研究，以研究减少使用集中式电网所带来的后果，以及在能源定价中增加使用 DG。构建了一个评估不同情况的通用模型，确定了输入，并选择了“概念性”和“经验性”的案例研究。案例研究因系统的不同碳评级而不同。进行了敏感性分析，得出了政策的可实施性的结论。

12.1.2.4 主题 2.4：集成设计指南和性能指标——研究案例

本课题的基本目标是根据目标性能要求审查和确认集成设计指南。该计划是确定各种现有组件模型，定义各种微电网拓扑和配置，并根据微电网规模、位置

和发电组合（传统/分布式/可再生/存储）开发初步模型。此外，还需要定义控制/通信层并确定建模要求，包括通信延迟和传播、故障模式和持续时间等技术方面。这项工作涉及构建一个高度详细的小型微电网的电磁仿真，以用于其他研究，以确定基于不同操作场景的降阶模型和稳定性研究模型的充分性。开发的模型必须通过案例研究及其对各种场景的验证来完善，例如：①将可再生能源整合到微电网中，包括就地存储的可能性；②确定孤立微电网的孤岛效应和干扰穿越效应；③在微电网之间资源共享；④通信系统出现故障的情况下微电网的运行情况。

挑战

尽管对微电网的各个组件（例如可再生能源）进行了大量建模工作，但在将这些组件集成到微电网本身的模型方面所做的工作相对较少。其中一项挑战是区分好模型中包含哪些组件以及哪些组件组合。微电网的特性可能因源/负荷不同的组合而有很大不同。一种可视化规范样式是将整个电网看作微电网的集合，这些微电网通过电力系统主要的线路传输连接起来，并通过适当的信息交换连接进行控制和保护信息交换。以这种形式对网格进行建模的方法在文献中尚未有足够的详细介绍，因此是该主题需要解决的新挑战。另一个挑战是确定针对不同类型主题的微电网建模所需的详细程度。过于详细的模型可能适用于确定和纠正有问题的快速瞬态，但对于较大的系统级研究来说太麻烦，所以需要一个降阶模型。该主题构建了微电网组件、连接电网层、可再生发电设备的模型以及显示微电网之间基本控制交互的简化模型。这些模型用于构建多个案例研究示例，以验证或演示在其他场景的结果。该主题具有创新性，因为它考虑了现代电力系统中一个新兴且重要的概念，即将现有的电力系统发展成几个包含新发电来源的自治本地控制微电网。过去从未对此类系统进行全面建模，因此需要开发模型和基准测试系统以获取操作经验。

方法论

该主题涉及以下步骤：

（1）编译和研究微电网元素的可用模型，包括能源来源、负载、配电和传输系统以及本地储能选项（包括电池和插电式电动汽车等设备）。

（2）根据不同类型的能源、负载和存储元件定义不同的微电网结构。

（3）对微电网的控制和通信网络进行建模。

（4）根据所有三个主题中其他主题的目标，定义其特定的研究要求，然后定义案例研究所需的系统，包括基准系统。

（5）确定一个小型、高度详细的微电网模型，作为开发降阶模型的模板和基础。

（6）分析建模细节与模型细节之间的关系。

（7）为不同的研究领域开发模型。

（8）对各种微电网运行场景和突发事件进行完整的样本案例研究。

（9）使用校园微电网和公用事业微电网的现场结果验证模型。

12.1.3 主题3：智能微电网通信与信息技术

如前所述，本主题关注的是能够支持智能电网系统中不同实体之间的数据和命令交换的网络架构。除了适用于此类事务的各种通信体系结构外，该主题还需要解决通信系统对控制系统动力学、可靠性、弹性和网络安全的影响。

12.1.3.1 主题3.1：通用通信基础设施

该主题讨论了构建无线、有线和混合通信系统的最佳运行情况、可靠且具有成本效益的通信协议，以及用于智能电网组件之间数据/命令交换的可靠身份验证和加密方法。它旨在为研究人员和开发人员提供指导方针，以准确模拟和预测可能部署在智能微电网中的无线基础设施的性能。该主题假设了以下目标：

目标Ⅰ：评估和测试通过混合网络交换数据和命令的技术以及智能微电网内的身份验证、授权和访问方案。

目标Ⅱ：提出并评估通过混合网络交换数据和命令的替代技术，以便在智能微电网内进行身份验证、授权和访问。

目标Ⅲ：进行干扰研究并制定智能微电网内通信系统的部署指南。

目标Ⅳ：进行干扰研究并为广域环境制定部署指南。

挑战

为智能微电网服务的通信基础设施需要部署成一个网络层次，每个网络都可以被各种有线和无线技术实现。在最低层，家庭区域网络（HAN）将把建筑物内的设备和显示器连接到智能电能表（SMs）上，而智能电能表将把客户的办公场所连接到配电网。SMs将实时能源消耗数据传递到公用事业公司，用于会计、计费、负载预测和断电检测，同时将有关定价政策和可能的减载命令信息传递给客户。在中间级别，例如在邻域网络或NAN中，SMs和其他传感器将连接到数据聚合单元（DAUs）或类似的单元，这些单元将部署在每个邻域中。在更高级别，例如在广域网或WAN中，DAUs将连接到基站或直接连接到公用事业的核心网络。每个级别，都必须评估覆盖范围和相互干扰、可靠性和延迟以及身份验证和安全要求，并提出满足这些要求的方法。

尽管大容量电力系统使用的核心基础设施非常可靠，并且非常适合为位于变电站或以上的相对有限的节点提供服务，但扩展这样的系统以服务于大量的网络

微电网通信网络中的终端节点的成本将非常昂贵。为了满足严格的预算限制，需要开发和部署新的有线和无线技术。在智能微电网应用中使用无线基础设施是一个很好的办法，因为它可以快速部署，而不需要安装电线和电缆，相对而言，它不会受到由于电缆厂物理损坏而导致有线基础设施无法使用的影响。当必须在难以提供无线连接的室内环境和密闭空间中提供连接时，有线基础设施，尤其是电力线通信（PLC）会起到很好的辅助效果。这两种技术都可能受到范围限制、覆盖范围和相互干扰的影响，这些都可能会导致它们自身的功能无效。供应商和运营商需要明确的指导方针和准确的实践来部署无线和有线网络，以合理的成本提供所需的性能，并适当考虑法规指导方针。

网络节点的数量大，需要处理的数据量大，以及网络拓扑的相对复杂性，使得用于形成网络的协议的效率相对较高。通过网络之间的网关传输数据，将数据从仪表和传感器通过数据聚合节点转移到存储系统状态和会计计费记录的服务器。链路级性能将影响传输的可靠性和吞吐量。如果网络性能要有效处理具有不同服务质量要求的不同类型的流量，则设计适当的调度和准入策略是很关键的。在所有级别（HAN、NAN 和 WAN），必须在适当考虑完整性、稳健性和效率的情况下开发准确的身份验证、授权和访问控制方案。

方法论

拟议的研究课题涉及三个主要任务。

第一个主要任务是描述目标环境中的无线传播。由此产生的基于测量的模型将构成在现实条件下模拟和预测无线基础设施性能的基础，包括评估替代协议和路由算法的性能，以及网络将产生的干扰水平。最后一步是为在家庭区域、社区区域和广域环境中部署无线网络制定明确的指导方针。

第二个主要任务将涉及：①制定合适的结合有线和无线基础设施的策略，以便在各种条件下运行在最佳状态；②评估和改进当前通过混合网络交换数据和命令的技术；③开发协议和策略，以确保上行和下行方向的最佳网络性能，例如吞吐量、可靠性等。

第三个主要任务将涉及：①评估认证、授权和计费方案；②查明缺点；③提出改进方案以克服先前的局限性。

12.1.3.2　主题 3.2：考虑电网集成的要求、标准、规范和监管

研究了智能微电网中不同信息类型的特征，以建立服务质量参数，并对其动态服务质量需求进行分类。考虑到信息特性，研究了新兴标准，以开发适用于支持智能微电网集成的强大通信基础设施的高效传输、信息处理和网络技术和策略。在考虑并网要求、标准、规范和监管问题时，本主题考虑了所采用协议的相

关特性以及相关基础设施、配电自动化（DA）、数据提取和组织的安全性。特别是，开发了稳健的信息传输技术，以提高分配系统、数据提取和组织中通信渠道的性能。智能信息处理策略能及时和可靠地提供测量数据和输出命令，不仅有效提高了数据收集能力，也提高了通用通信基础设施的效率。

目标Ⅰ：确定智能微电网集成的最佳通信技术，让其能满足所需交易的函数。对可用于 HAN/楼宇局域网（BAN）、工业局域网（IAN）、NAN/现场局域网（FAN）和广域网的各种潜在通信技术进行了研究，形成有效支持智能微电网/微电网集成的通信基础设施。这些技术包括 IEEE 802.15.4/ZigBee、IEEE 802.11/WiFi、WiMAX、3/4G 蜂窝、PLC 和其他有线通信。在微电网通信基础设施的背景下，分析了每种技术在传输速率和覆盖范围、标准成熟度、部署和维护成本等方面的优缺点，以制定技术集成指南。此外，还调查了智能电网/微电网中的各种信息类型及其通信流量特征，以推导出其服务质量参数并根据通信带宽对服务质量按要求进行分类。根据所获得的观察结果和结论性结果，提出了一种通信基础设施的应用方法以及各种通信技术的交互应用（有线/无线），这些技术可用于智能电网/微电网的当前发展和未来应用。

目标Ⅱ：确定集成微电网终端与终端之间消息传递、命令和控制的标准。为此，研究了智能电网/微电网中的互操作性问题。强调了智能电网/微电网互操作性标准的重要性。调查了各种标准开发组织以及致力于开发互操作性标准的联盟所研究的结果。特别是，美国国家标准与技术研究院（NIST），其在智能电网/微电网标准方面的研究活动影响深远。提到了 NIST 审查的一系列适用于微电网集成的标准。还调查了 NIST 为制定和改进构建可互操作微电网所需的标准而确定的优先行动计划（PAP）。这些 PAP 试图填补标准中的空白并解决标准中的重叠问题（即两个互补标准解决了一些共同但对于同一应用范围不同的信息）。

研究了许多涉及智能计量、楼宇自动化、变电站自动化、DER 集成和插电式混合动力汽车等具有代表性的标准。它们包括 IEEE 2030、IEC 61850、DNP3、ANSI C12.18、ANSI C12.22、IEEE 1547、IEC 61850-7-420、IEC 61400-25、IEC 62351 和 SAE J2293。此外，还评估了针对微电网中的高级配电自动化（ADA）应用、IEC 61850 标准和 PLC 的适用性。首先，研究了 IEC 61850 标准的数据建模/数据映射和通信架构和协议。该标准的主要优点是它可以为来自不同制造商的设备提供互操作性。因此，它有望成为 ADA 的标准。其次，研究了 PLC 作为 ADA 通信技术的优点和局限性。介绍了用于评估 ADA 带宽要求的通用框架。该研究表明，虽然 PLC 具有许多优势（例如低成本、快速部署、客户接受度高等），但它仍然面临着许多技术挑战，包括数据传输速率有限、拓扑不灵活以及停电导致的通信损失。除了按计划对智能电网/微电网的数据通信标准进行调查外，还开发了一个树状图，总结了关键标准/技术及其各自的技术细节，并对 IEC 61850 标准和 PLC 在 ADA 微电网应用中的适用性进行了评估。

目标Ⅲ：确定用于支持集成微电网内和跨集成微电网的配电自动化的有效协议。完成了对智能电网/微电网应用及其数据通信要求（在吞吐量、传输可靠性和延迟方面）的全面调查，参考了 PAP（NIST）和 2030（IEEE）中提供的信息，并考虑了现有的和新兴的智能电网/微电网应用/用例。发现他们专注于开发和评估高效路由协议和相关模拟工具，以在 NAN/FAN（最重要的通信网段）中提供服务质量。

开发了一个网络模拟器，促进了对 NAN 等各种无线路由的操作和性能的研究。模拟器对 NAN 进行建模，该 NAN 由多个端点组成，包括按照客户承诺安装的 SMs，以及通常放置在电线杆顶部或变电站区域的数据聚合点（DAP）。SMs 收集客户的能源消耗信息，并通过单跳或多跳路径将其路由到 DAP，然后 DAP 将信息转发到中央控制中心。此外，控制信息可以从控制中心相反的方向发送到 SMs。模拟器中已模拟实现了可用于 NAN 的两种发展前景较好的无线路由协议。第一个是 Greedy Perimeter Stateless Routing（GPSR），这是一种简单而高效的基于位置的协议。由于其低复杂性、低开销和可靠性，该协议是较常用的。第二个是低功耗和低损耗网络路由协议（RPL），这是一种先进的自组织协议。RPL 的关键特性之一在于它能够捕获无线链路动态特性以构建有向无环图（DAG），该图用于通过有效路径将数据包从源路由传输到目的地。

已经进行了大量模拟来验证 GPSR 和 RPL 的操作性能，并评估了它们在不同网络场景中的性能。考虑了 NIST 提供的系统参数（例如 SMs 的放置和密度、每个 DAP 的 SMs 数量、流量配置文件等）。测量了许多性能指标，例如包交付比率、端到端延迟和运营开支。比较了 GPSR 和 RPL，以确定它们在各种智能电网/微电网场景中的适用性。这项工作考虑了现实生活中的场景——Burwash Landing 微电网。Burwash Landing 位于克卢恩湖（育空）西岸，是克卢恩第一民族（KFN）的家园。该提议对无线网状网络的运行和性能与 GPSR 和 RPL 路由协议进行了对比探索，以支持 Burwash Landing 中各种微电网应用的通信。

挑战

智能微电网集成的稳健、可靠和前瞻性战略可以促进智能电网的出现和发展。可靠的通信被认为是部署自动化、快速、自愈的广域电网控制行动的主要挑战。开放式通信基础设施所需的拓扑结构至少包括异构电缆和无线通信段网络以及数据收集和控制传感器网络。IEC 61850、UCA2、IEEE P1777 等各种活动/标准为进一步研究和开发强大的通信基础设施以有效支持智能电网集成奠定了初步基础。稳健通信，意味着分布式能源中有效测量、监测、故障检测、控制和管理功能，需要“可靠”“及时”和“高效”数据交换。例如，具有广泛可用和新兴技术的无线通信在移动性、快速安装和网络重新配置、易于维护、远程操作等方面所带来的安全性、低成本等非常有价值，但同时它们的传输可靠性会受到随机干扰和衰退。使用基于最佳服务和重传的传输控制协议（TCP）/互联网协议（IP）的互联网可能不足以提供电力系统电网管理中的时间敏感或延迟受限信息。此外，作为另一个例子，功率/频率干扰往往会产生系统范围内的扰动，而关于功率/频率测量的有效数据交换技术和策略可以提供观察这个干扰因素在整个网络中的传播的机会。从而，及时有效地进行故障检测、预测和隔离。

方法论

需要为通信基础设施开发合适的技术和策略，以支持智能微电网的集成，特别强调其稳健性、安全性和易维护性。为了评估电网集成的通信要求，需要从通信的有利位置表征配电系统中的信息，特别是智能微电网中的信息。一般来说，大部分信息与测量位置和参数设置有关，从简单的角度来看，它们可以分别归类为输入和输出。然而，这种简单的分类并不代表就能决定不同服务优先级和要求的信息重要性和紧迫性。此外，一个特定度量的最优服务优先级和质量可以根据全局和局部属性而动态变化。例如，以电压测量为例，这是整个配电网络的通用功能。在某些范围内，它可以被认为是普通的，因此被报告为预期的感官数据，而在另一个范围内，它可能被认为是关键的，需要高优先级的服务。因此，需要研究智能微电网中各种信息类型的特征，旨在建立其服务质量参数并对其服务质量要求进行分类。在这里，需要引入动态的、上下感知的服务质量的新概念。一方面，此类研究需要深入了解分布式能源的测量、监测、控制和管理技术和功能。另一方面，服务质量参数和要求的分析和映射需要对各种新兴的有线和无线通信和网络技术进行更广泛的调查分析。

此外，为了研究合适的信息基础设施，需要考虑可行的和新兴的技术，这些技术要能具有支持智能微电网集成的潜力。微电网的发展正成为一种越来越有经济价值的选择，它能起到促进 DER 提高可再生资源渗透率的作用。微电网可以在两种稳态模式中运行：并网（即连接到主电网）和孤岛（即与主电网断开）。从孤岛模式过渡到并网模式并重新同步。一个平稳的、管理良好的、受控的暂态模式对于避免对综合电网以及其他并网微电网产生负面影响至关重要。跨越并网微电网的集成层，测量、监测、控制和管理属性的信息交换需要各种异构通信段的支持，包括传感器网络、HANs、LANs、（局域网）、MANs（城域网）。区域网络)、WAN 等各种异构通信段的支持。一方面，支持智能微电网集成的信息基础设施需要共享部分公共网络以实现全球覆盖。另一方面，它需要一定程度的稳健性，足以支持可靠和及时地传递重要信息。例如，在孤岛模式下，能源控制和管理的主要部分可以限制在特定的微电网内。因此，重要信息可以在私人通信段内交换，而在公共通信段中流动的信息则用于例行报告。专用网段中的稳健通信可以在本地进行，因此很容易控制。但是，公共通信段中的信息流可能会尝试发出警报或请求从孤岛模式切换到并网模式，需要特殊处理才能按时可靠地传递。这可以通过动态升级其服务质量等级来实现，以获得公共部分所需的关注。

在这方面，需要审查现有和新兴有线和无线通信技术的能力、特性、性能和标准，以开发最合适的信息基础设施，有效地支持智能微电网的集成。具体来说，需要检查它们在各个层的规定和限制，特别是物理层（例如传输容量、质量、接入协议、工作频段、环境条件）、数据层（例如错误保护和弹性、格式）和网络层（例如服务质量支持、网络配置）。此外，需要考虑候选通信技术和网络之间的互通和互联，以确保能够配置面向社会服务的基础设施，有效管理微电网所有组件之间和集成电网内的数据和命令交换。这意味着需要结合各种有线和无线通信段，以促进设备数据的无缝集成。此外，需要探索通信、信息处理和网络技术以提高信息基础设施的性能。在这里，重点应该是研究可以直接应用于现有和新兴通信系统的性能增强方案，而不是需要重大改变的技术。例如，我们需要专注于位级或更高级别的处理，而不是在信号级的处理技术中涉及对物理层的重新设计。通过研究底层通信基础设施节点之间的层次关系，可以开发协作传输方案，在网络层面智能地组合和处理它们的信息，以提高传输的可靠性和效率。一种备选方法是通过在相邻节点使用组合编码进行网络编码。为了避免在 TCP/IP 中由于重传造成的随机和长传输延迟，前向校正无速率编码是另一种潜在的方案。此外，分层信息结构的知识可用于探索增强通信鲁棒性的可重构传输和信息处理策略，这就引申出一个问题，需要进行服务质量参数的开发和不同动态服务质量要求的建立。基于现有的和新兴的通信技术发展高效的传输和信息处理技术和可重构的、面向服务的网络架构，以支持智能微电网的集成，为此，需要表征智能微电网中的不同信息类型，以建立其服务质量参数并对其动态服务质量要求进行分类。这将反过来推动电网整合的发展，以及支持处理智能微电网的新兴通信系统的标准、代码和监管问题，还有基于联合可重构传输和智能信息处理方案的信息交换所需的稳健传输技术的发展。然后，需要将这项工作扩展到开发和评估相互作用和一体化，以实现高效传输和信息处理技术以及可重新配置的、面向服务的网络架构。基于可用和新兴的通信技术建立强大的信息基础设施，以支持智能微电网的整合。

12.1.3.3 主题 3.3：配电自动化通信—传感器、状态监测和故障检测

需要一个强大而可靠的传感器网络来提供有关整体电网完整性的信息。如前所述，微电网通信基础设施和集成数据管理系统有望促进这些信息向中央监督控制的传输。这是有意孤岛运行的一个重要要求，以便其在与电网断开连接时实现其穿越能力，包括从电网断开，并在无意的孤岛条件下的安全和电力质量问题。对于重新连接，微电网必须确定何时发生电网恢复以进行电网重新同步。

智能电网集成传感器网络的基本构建块本质上是一个专门的通信和传感器模块，理想情况下，该模块集成和嵌入智能微电网的所有组件中，以检测故障并测量所需的系统参数，例如功率、质量、电压和频率稳定性。这将需要开发硬件和固件（结合模拟传感器），能够以相关标准要求（例如当前草案中的 IEEE 标准 1547.4）定义的快速和准确的方式确定不健康的电网运行。该信息将使用适当的通信协议传送到微电网的自动化分布式，以实现孤岛运行和保护。

目标Ⅰ：为智能传感器网络开发技术上相对应的拓扑结构，包括可为传感器数据提供接入点且具有蜂窝功能的网关接入节点。

目标Ⅱ：用于实现和集成智能传感器网络的经济高效的技术。这应该有助于数据的实时处理，并确保有效通信所需的传输功率和延迟时间降至最低。此外，还需要强调传感数据的不同通信场景、延迟和吞吐量。

目标Ⅲ：需要最佳 RTOS（实时操作系统）来支持动态变化的传感器网络配置文件。高效的 RTOS 对该主题特别重要，因为传感器网络所具有的性能对智能微电网的某些领域可能非常关键。

挑战

众所周知，微电网需要根据电源的类型、渗透率和可靠性要求，在微电网和主电网之间允许有多个连接点。这种拓扑对微电网能源和负载的控制和保护以及主电网的保护提出了更高的要求。微电网监测是微电网有意孤岛运行的一个重要条件，当微电网与电网断开连接时，微电网能够实现平稳运行，并在无意孤岛运行时解决安全和电能质量问题。此外，当重新连接时，微电网必须能确定在合适的时间段进行电网恢复以便使电网重新同步。还必须要有通过有意孤岛控制的穿越能力，以维持本地微电网负载的电压和频率稳定性。有意孤岛控制必须综合存储和能源的能力以满足通过故障检测过程及时断开与主电网的连接这一要求。此外，通常需要通过隔离来保护微电网以应对主电网上的常见干扰，例如雷击、设备故障和电源线断电。通常，智能微电网将通过离线跳闸来响应，直到电网恢复。同步（频率和相位）是一个全局控制概念，需要对微电网内的所有能量和存

储设备进行单独的控制和监控，以使微电网能够与电网进行正确的重新连接。未来，微电网能源的电网渗透将更加普遍。当这种情况发生时，微电网作为电网供能网的稳定运行就显得尤为重要。同样，微电网能源和存储设备的运行必须以一种统一的方式工作，以向电网提供优质的“可调度”电力。相应地，有微电网中每个电源的监测是有效的能源竞价/定价策略的必要条件。鉴于这些挑战，提出每个微电网能源都应该具有故障检测和监控能力，从而可以实现完整的分布式控制，克服上述挑战。

此外，在实现电力系统对传感器硬件和固件监控与电网连接这方面存在许多挑战。以前的故障检测方法可以分为有源和无源方案。有源方案在检测电网故障方面更准确，但由于能量注入电网会造成不稳定，从而具有一定的干扰性。无源方案不需要太高端技术，但更容易产生误报的情况。在任何情况下，因为电网连接系统的电压水平的特性，开发故障检测和电网状态监测硬件和固件都是一个困难和繁琐的过程。还有数字处理和高压电力电子电路的结合需要广泛的专业知识，尤其是在测试和调试阶段。

方法论

电网的准确状态监测应采用最先进的数字信号处理器（DSP）控制器，以及适用于微电网应用的电压和电流传感器技术。在综合文献检索的基础上，通过仿真审核过程，选择已有的故障检测方法。然后应该实施和验证该方法。在确定故障检测和监控系统的延迟要求时必须严谨。对于类似监控和数据采集（SCADA）的要求，基于最佳“匹配”的 TCP/IP 解决方案可能不够，可能需要专用的通信通道，例如，具有专有协议的无线系统。此外，电网监控技术必须专注于量化各种无源和有源电网监控方法，并制定具有成本效益且满足所需性能标准的解决方案策略。

12.1.3.4 主题 3.4：集成数据管理和门户

本主题侧重于开发管理大量实时数据的方法，以及设计用于存储实时数据的时间动态数据库，以及设计客户/公用事业信息窗口。

目标Ⅰ：研究智能微电网内和跨智能微电网各个指挥和控制层的高度通用智能代理的解剖结构。为开发在智能配电网络和微电网内部进行实时数据交换的分布式管理系统。

目标Ⅱ：开发动态可扩展的多端口数据库架构，以支持本地和远程能源管理应用。该目标对于访问准实时 AMI（高级计量基础设施）数据以实现自适应节能和优化解决方案（例如 VVO（Volt-VAR 优化））的应用尤为重要。

目标Ⅲ：需要一个可靠的实时协同仿真平台来开发用户和实用程序门户的平台相关架构及其相关的演示和可视化技术，使用户和公用事业单位能够使用

DNP3 和 IEC 61850 等高级通信标准/协议以测试不同的配电自动化应用程序。该平台的架构应该足够灵活，以允许不同的 DA 应用程序只需对设置进行少量更改即可进行测试。

挑战

将智能组件引入公用事业配电网络会给公用事业的通信基础设施带来巨大负担。原因是这些组件会产生大量的需要管理、理解和存储的数据（基于轮询或事件）。所收集数据的性质取决于其来源。一些数据可能表明风险即将来临，而其他数据仅用于提供信息。无论此类数据的性质如何，其庞大的规模都无法通过简单的收集、存储和传输过程进行管理。需要将智能性内置到各种接口中，以理解本地数据，帮助本地进行决策，并仅将与上游功能相关的信息传递给上游设备。这是分布式指挥和控制系统的核心，是智能电网的标志，与传统电网采用的分层指挥和控制系统有着明显的不同。

方法论

智能代理是被锁定在特定环境中自主软件实体，能够从其他代理或其周围环境中获取信息，从而对需要执行的操作做出独立决策。它们与同一环境或其他地方的其他代理协同工作以实现系统目标。它们分析信息，与其他代理协商，采取先发制人的行动，并对环境中的事件及时做出反应。智能代理可能属于一个组织，例如基础设施维护，处理会影响整个系统的维护问题。它们也可以属于一个区域，获取为该区域设置的属性和参数，例如定价关税和回扣。他们还可以负责特定环境中的特定功能，例如警报/状态报告。所有这些属性将决定它们的功能范围和操作范围。智能电网由独立的处理器组成，这些处理器协同工作，通过支持创建大量实时数据的智能代理来提供系统功能。管理这些数据将使智能微电网中所有数据生成/数据消费组件和终端中的智能代理成为可能。嵌入式智能代理、实时数据库和门户的创新解剖和结构尚未在其他地方进行过尝试。然而，这些技术的概念已经存在并已在其他地方以其他形式实施，这一事实有力地表明了这种方法的可行性。能够在智能组件中经济高效地实施的高效代理/数据库/门户结构的开发，这将是一项重大突破。

此外，还需要为智能电网的分布式命令和控制系统找到具有创新性的拓扑结构。该控制系统的基本组成部分是具有创新结构的独立智能体，能够进行数据处理和决策，在动态变化的全局属性范围内协同工作。这项研究的核心是需要找到适合智能电网内各种组件的智能代理结构。此外，必须开发可以在时间上动态管理且能够进行虚拟化的数据库架构。必须创建创新的门户设计，以促进以客户教育为目标的信息门户的发展，使客户在能源交易中扮演利益相关者的角色。本主

题中的其他主题涉及通信基础设施、传感器和标准制定。本主题重点介绍在整个微电网中捕获和管理来自终端点和传感器的数据的方法。

12.2 展望

NSMG-Net 汇集了智能电网和微电网领域的一些最佳研究人员和资源，以解决阻碍智能微电网在世界范围内应用的各种障碍。包括缺乏标准、通用监管框架和模拟真实环境的强大测试技术。实现 NSMG-Net 的总体目标需要对电力系统、通信技术和信息技术有深刻的理解和丰富的经验。需要利用多部门专家组的专业知识提供一个非常有效的协调方法和战略网络模型。网络模型帮助创造了一个环境，在这个环境中，背景不同、没有合作史的研究人员可以相互交流、交换信息，并为面临的多维问题找到跨学科的解决方案。NSGM-Net 研究人员能够从全国各地的专家那里寻求帮助、想法和建议，以促进研究成果经济高效地验证、开发、实施应用，促进创新创造。

学术界和工业界智能电网发展的历史表明，智能电网学科不会取代或颠覆电力系统工程。智能电网的重点是为电网应用端到端数据中心指挥和控制技术。这种新一代指挥和控制技术有助于提高电网的可靠性、提高效率并减少碳排放（例如通过整合可再生能源）。因此，智能电网不应被视为新一代电力系统工程的替代、甚至衍生。传统电力系统工程主要是处理发电、输电系统和配电网络中的各种技术和架构问题，而智能电网的重点是增强和替换电网的整体指挥和控制系统，包括架构、技术和算法。换句话说，作为一门学科，智能电网只是补充了传统电力系统的指挥和控制架构、方法。它利用通信系统和信息技术，创建一个新的跨学科技术平台，其中通信系统工程师、信息技术工程师和电力系统工程师在智能电网领域进行协作，以促进当前电网的转型。面向未来，社会科学家、商业分析师、计算机科学家等人士的努力必将进一步丰富了智能电网的跨学科平台。